Walter Fiedler

Haltung von Tieren

Carl Stemmler

Haltung von Tieren

Ein Nachschlagebuch
zur Pflege von Heimtieren
für junge und alte Tierfreunde

Verlag Sauerländer
Aarau · Frankfurt am Main · Salzburg

Carl Stemmler
Haltung von Tieren

Illustrationen von Ernst Nyffenegger
Umschlagfoto von A. Leutert und W. Ruh, Schaffhausen
(Gelbhalsmaus)

4., vollständig überarbeitete Auflage 1980

Herstellung: Sauerländer AG, Aarau
Printed in Switzerland

ISBN 3-7941-2101-5
Bestellnummer 01 02101

CIP-Kurztitelaufnahme der Deutschen Bibliothek

Stemmler-Morath, Carl:
Haltung von Tieren: e. Nachschlagebuch zur Pflege von Heimtieren für junge u. alte Tierfreunde / Carl Stemmler. [Ill. von Ernst Nyffenegger]. – 4., vollst. überarb. Aufl. – Aarau, Frankfurt am Main, Salzburg: Sauerländer, 1980.
ISBN 3-7941-2101-5

Meinen Radiohörern gewidmet

Inhaltsverzeichnis

Bildtafeln:
Die 91 Vierfarbenbilder sind durchnumeriert (Abb. 1–91)
Die entsprechenden Bildunterschriften stehen
vor und nach den Bildtafeln

Darf man Tiere gefangenhalten?

Immer wieder tritt uns diese Frage entgegen, eine Frage, die leicht aufzuwerfen, aber für den verantwortungsbewußten Tierfreund sehr schwer zu beantworten ist. Wenn ich sie trotzdem mit einem klaren und überzeugten «Ja» beantworte, so ist dies einfach meine Überzeugung, die auf absolute Richtigkeit keinerlei Anspruch erheben darf. Man kann also ohne weiteres anderer, entgegengesetzter Meinung sein, die vielleicht ebenso richtig ist wie die meinige. Solche Fragen können wir ja immer nur subjektiv, also vom rein persönlichen Standpunkt aus beantworten. Immerhin können wir unsere Ansicht dabei durch nähere Begründungen erklären und begreiflich machen.

Von meiner Überzeugung

Einen großen Irrtum müssen wir bei diesen Überlegungen zuerst ausschalten. Niemals dürfen wir beim gefangenen Tier menschliche Empfindungen und Gefühle oder gar menschliche Überlegungen erwarten. Ein Hund denkt immer als Hund, wenn er wirklich denkt, und niemals als Mensch. Er fühlt auch als Hund, und es ist völlig unsinnig, auch dem klügsten Tiere, etwa einem Menschenaffen, menschliche Überlegungen und menschliches Bewußtsein zuzutrauen. Es ist grundfalsch, bei einem Zootier dieselben Gefühle, dieselben Seelenqualen vorauszusetzen, wie sie ein Mensch hinter dem Gitter empfinden müßte. Wenn aber das höchstentwickelte und klügste Tier, das es gibt, der Menschenaffe, von jung auf an den Käfig gewöhnt, sich darin wohlfühlt und sich, wenn man ihn völlig frei springen läßt, bei Gefahr nicht etwa auf die Bäume flüchtet wie in der Natur, sondern in gestrecktem Galopp zurück in seinen Käfig rast, dürfen wir doch annehmen, daß dieser Käfig für ihn keine Folterkammer ist. Und dieses Verhalten der Menschenaffen habe ich sechsunddreißig Jahre lang immer wieder selber erleben können. Ob dann ein Wolf, ein Siebenschläfer, ein Buchfink oder eine Schlange Seelenqualen auszustehen haben, wenn man sie gefangenhält? Ich glaube es nicht!

Es ist falsch, bei Tieren ähnliche Gefühle wie bei Menschen vorauszusetzen

Flucht in den Käfig

Und doch muß ich da selber einen kleinen Einwand vorbringen. Sperren wir nämlich einen alten, ausgewachsenen

Affen ein, wird er verzweifelt gegen die Gitterstäbe toben. Auch der Wolf wird herumrasen und sich vielleicht die Zähne am Eisen ausbeißen, der Buchfink wird unzählige Male aufflattern und sich den Schädel einrennen, und nur die Schlange wird sich ziemlich rasch an die neue Umgebung gewöhnen. Man soll also, wenn immer möglich, keine erwachsenen Tiere aus der natürlichen Umgebung herausnehmen und einsperren, es sei denn, man könnte ihnen, wie Insekten, Fischen, Amphibien und Reptilien, ein weitgehend den natürlichen Verhältnissen angepaßtes Gelaß zur Verfügung stellen. Die meisten anderen Tiere sollten ganz jung, wenn sie noch gar keinen Begriff von der freien Natur haben, eingewöhnt werden. Dann wissen sie nichts anderes, und der Käfig wird ihnen zum Heim, das ihnen Schutz und Nahrung bietet. Nur dann empfinden solche eingewöhnten Tiere ihren Käfig als Gefängnis, wenn unverständige Menschen sie necken und die Tiere sich nicht wehren können, weil das Gitter die Menschen beschützt.

Nur junge Tiere fangen

Käfig wird zum Heim, das Schutz und Nahrung bietet

Ich weiß, viele Menschen sind nicht meiner Ansicht. Es ist aber doch noch dazu zu bemerken, daß man sich gewöhnlich an Fachleute wendet, wenn man irgend etwas erklärt haben will. Wer kann nun aber besser Auskunft geben über die Lebensäußerungen von gefangenen Tieren als der, der tagein, tagaus mitten unter gefangenen Tieren lebt, der Tierpfleger. Nun ist es aber bei der Tierpflege so, daß auch hier viele Leute alles besser wissen wollen. Nicht weil sie es besser wissen oder weil sie gar Erfahrungen haben durch Umgang mit Tieren, sondern weil sie gefühlsmäßig urteilen. Gefühle sind aber leider nicht beweiskräftig und darum bei der Beurteilung so schwieriger Fragen völlig wertlos, ja irreführend. Wohl soll man im Umgang mit Tieren recht viel Gefühl haben, aber das Gefühl darf nicht den Verstand und die Erfahrungserkenntnisse ausschalten oder überstrahlen. Sonst bekommt man ein falsches Bild.

Gefühle können irreführend sein

Darum bleibe ich dabei: Der verantwortungsbewußte Tierfreund darf Tiere gefangenhalten. Natürlich nur solche, die er auch richtig pflegen kann, und er muß und wird alles für ihr Wohlbefinden tun. Nicht nur bringt die Tierhaltung dem Menschen Nutzen, ja erst Lebensmöglichkeit, sie bringt ihm auch Freude und Naturerkenntnis. Wo wäre die Naturforschung steckengeblieben, wenn nicht das Gefangenhalten der zu studierenden Tiere ihr weitergeholfen hätte, in Fragen, wo die direkte Naturbeobachtung unmöglich ist oder zu sehr dem Zufall überlassen bleibt.

Der verantwortungsbewußte Mensch darf Tiere gefangenhalten

Das Studium der Tiere in gut geführten Tiergärten nützt aber nicht nur dem Menschen, sondern in erster Linie dem Tiere

Der wichtigste Tierschützer ist der Tierkenner

selbst. Und denken wir daran, daß nicht der rein gefühlsmäßige Tierfreund, sondern der Tierkenner der für das Tier wichtige Tierschützer ist. Der Gefühlstierfreund liebt seine Katze und ärgert sich über den Hund, der ihr nachspringt. Er liebt seinen Kanarienvogel und schießt den Sperber, der auf dessen Käfig stößt. Ist das Tierschutz? Nein, das ist Katzen- oder Kanarienvogelschutz. Tierschutz heißt: Alle Tiere schützen, und zwar nicht vor ihren natürlichen Feinden, die ja auch Tiere sind, sondern einzig und allein vor dem wirklichen Feind, vor uns Menschen.

Kinder, die zu Hause ein kleines Tier pflegen, finden so viel Freude an dieser Beschäftigung mit dem Schönsten, was die Natur bietet, mit dem Leben, daß diese Tätigkeit auf ihr ganzes Wesen einen guten Einfluß hat. Man lernt dabei die Verantwortung kennen und das Leben achten.

Aber der gute Wille allein genügt nicht. Es ist nötig, daß man all die Eigenheiten der verschiedenen Tiere kennt und daß man weiß, wie und womit man sie füttern muß. Immer und immer wieder fragen mich unzählige Hörer meiner Jugendstunden bei Radio Basel um Rat, und so ist nun dieses Buch entstanden, das ich diesen eifrigen Hörern im ganzen Lande widmen möchte.

Mit gutem Willen allein kann man kein Tier pflegen

Aber vielleicht holen sich auch diejenigen Lehrer gerne in diesem Buch ab und zu einen Rat, die ihren Naturkundeunterricht nicht bloß mit der Kreide an der schwarzen Wandtafel betreiben möchten, sondern als eines der Mittel zu einem guten Unterricht im Schulzimmer ein Aquarium oder ein Terrarium aufstellen wollen, zur Freude und zum bleibenden Gewinn für die Schüler.

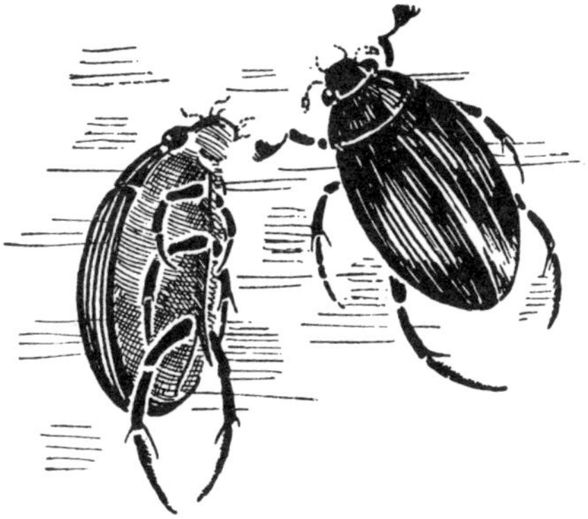

Tiere im Aquarium

Mit Wassertieren fangen wir an

Alles Leben auf unserer Welt ist völlig vom Wasser abhängig. Ohne Wasser keine Pflanzen und keine Tiere! Ja, ein überwiegend großer Teil der irdischen Lebewesen lebt sogar mitten im Wasser, ohne es je verlassen zu können. Andere wiederum verbringen nur ihre Jugend darin. Es ist also nur recht und billig, wenn wir uns auch bei unseren tiergärtnerischen Versuchen zuerst an die Wassertiere halten. Um sie pflegen zu können, muß man ihnen also vor allem Wasser zur Verfügung stellen, und zwar im Verhältnis zu ihrer Körpergröße recht viel. Du brauchst darum vorerst einen Wasserbehälter, einen wasserdichten natürlich! Solche Wasserbehälter nennt man in allen Sprachen *«Aquarien»*, in der Einzahl *«Aquarium»* vom lateinischen Wort aqua, das auf deutsch Wasser heißt.

Aquarium heißt Wasserbehälter

Aquarien sind aus Glas oder Hartplastik

Daß ein Aquarium wenigstens auf einer Seite durchsichtig sein, also eine Glaswand haben muß, wird man kaum sagen müssen. Besser aber ist es, wenn es auf allen vier Seiten, und besonders auch oben, lichtdurchlässig ist. Ein Aquarium, in dem wir die darin gehaltenen Lebewesen nicht beobachten können, nützt uns ja nichts. Es muß aber auch so geräumig sein, daß das Tier darin ein möglichst naturähnliches Leben führen kann. Die meisten im Wasser lebenden Tiere stillen ihr Sauerstoffbedürfnis aus dem im Wasser in feinster Verteilung vorhandenen Luftvorrat. Boilerwasser und abgekochtes Wasser ist fast luftfrei, eignet sich also nicht für ein Aquarium, das wir sofort mit Tieren besetzen wollen. Aber auch bei Brunnenwasser wird dessen Luftgehalt innert kurzer Frist erschöpft sein. Die Tiere im Aquarium werden also absterben, ersticken, wenn nicht für eine ständige neue Luftzufuhr gesorgt ist.
Für uns kommt vor allem die natürliche Durchlüftung in Frage, die auch in freier Natur das Tierleben unter Wasser

Lebende Unterwasserpflanzen bringen Luft ins Wasser

erst ermöglicht, die Durchlüftung durch lebende Unterwasserpflanzen. Jede Pflanze ist ja eine kleine Sauerstoff-Fabrik. Mit Hilfe des in den Blättern enthaltenen Blattgrüns und des Sonnenlichts fabriziert die Pflanze Sauerstoff. Nicht etwa, um uns eine Freude damit zu machen, denn sie kann ja nicht wissen, daß alle Menschen und Tiere nur leben können, wenn ihnen die grünen Blätter dieses Gas liefern. Für sie ist Sauerstoff einfach verbrauchte, also schlechte Luft, wie für uns die von uns ausgeatmete Kohlensäure. Auch die Unterwasserpflanzen scheiden, sobald Licht auf sie trifft, feinste Sauerstoffbläschen aus.

Ein Versuch

Halte ein mit Wasser gefülltes Reagenzglas über solche aufsteigende Gasblasen, bis du eine recht große Blase davon im Glas hast. Dann stecke schnell in das umgewendete Glasrohr ein nur glimmendes Hölzchen; es wird blitzartig aufflammen als Beweis dafür, daß Sauerstoff da war. Unsere Wassertiere nehmen dieses Gas mit Hilfe besonderer Organe (Kiemen genannt) oder einfach mit der Körperhaut auf.

Damit diese Sauerstoff-Fabrik ständig funktioniert, müssen wir das Glas an einem hellen Ort aufstellen, doch so, daß direkte Sonne nur am Morgen kurze Zeit darauf fällt. Steht das Aquarium zu hell, setzen sich mikroskopisch kleine Pflanzen, die Algen, an der Scheibe an, machen sie grün oder braun und undurchsichtig. Aber auch im gut bepflanzten Aquarium kann es vorkommen, daß die darin gehaltenen Tiere zu wenig Luft haben, wenn zu viele drin sind. Dann muß man entweder einen Teil der Insassen herausnehmen oder einen elektrischen Durchlüftungsapparat anschaffen. Solche Apparate sind jedoch teuer.

Elektrische Durchlüftungsapparate sind teuer

Aquarien für wirbellose Tiere

Für die oft winzig kleinen Tierchen unserer Gewässer, für die Kleinkrebschen, Insekten und Weichtiere, die zum sogenannten Plankton (im Wasser frei schwebende Lebewesen) gehören, braucht es gar kein teures Aquarium. Zudem würden in einem der normalen Fischgläser diese winzigen Tierchen der Beobachtung entschwinden. Es lassen sich ohne weiteres allerlei in der Rumpelkammer vorhandene Glasgefäße verwenden. – Im Pillenröhrchen oder Reagenzglas können wir prächtig Flohkrebschen oder Süßwasserpolypen pflegen, wenn wir noch einen kleinen Zweig Wasserpest für die nötige Luftversorgung hineinstellen. Drei Nägel in ein kleines Brettchen geschlagen, geben einen einfachen Ständer für das Miniaturaquarium.

Das Pillenröhrchen als Miniaturaquarium

Besser noch sind die bekannten Einmachgläser. Aus solchen Einmachgläsern kannst du wirkliche kleine Aquarien machen. Fülle sie 5 cm hoch mit sauber gewaschenem Sand und setze einige Unterwasserpflanzen. Da du aber sicherlich dein Aquarium oft herumschleppen wirst, lege ja keine Steine auf den Boden, sonst rutschen sie und schlagen dir ein Loch ins Glas. Bevor du aber in ein solches Kleinaquarium lebende Tiere bringst, lasse es an einem hellen Ort erst acht Tage stehen, bis die Pflanzen gut angewachsen sind. Schon in Litergläsern kannst du Tausende mit dem Planktonnetz gefischte Tierchen halten und dich daran freuen.

Einmachgläser

Tierchen, die man in Kleinaquarien halten kann

Planktontiere schweben frei im Wasser
Um diese kleinen Bewohner unserer Gewässer fangen zu können, brauchen wir ein Planktonnetz. Weil ein richtiges, fertiges Netz ein Heidengeld kostet, machen wir uns selber eines. Wir benützen den Drahtring eines alten Schmetterlingsnetzes oder biegen uns einen dicken Draht zu einem Kreisbogen, indem wir ihn um einen runden Gegenstand herumlegen (Petrolkanne, Baumstamm usw.). Mit den vorstehenden Drahtenden befestigen wir ihn dann an einem langen Stock (Bambus, Hasel). Am geeignetsten als Netzstoff ist die sogenannte Müllergaze. Man näht einen möglichst feinmaschigen Baumwoll- oder besser Seidenstoff zu einem spitz auslaufenden Beutel, der an dem Ring befestigt wird.

Oder wir nehmen einen Damenstrumpf, nähen ihn rundum an dem Drahtring fest und binden ihn etwa 30 bis 40 cm weiter unten mit einer Schnur fest zusammen. Was unten an der Schnur ist, schneidest du nun einfach ab. Entweder befestigst du dein Netz an einem Stock und fischst damit die Uferränder ab, oder du bindest drei Schnüre so am Ring fest, wie die Kettchen bei einer Blumenampel. Wo diese zusammenlaufen, heftest du sie an eine lange starke Schnur, an der du das Netz dann weit in einen Teich hinauswerfen kannst. Natürlich nur, wenn's keine Schwimmpflanzen hat, sonst bleibt es stecken. Dann ziehst du das Netz wieder langsam gegen das Ufer zu, und du hast dir eine wahre Wunderwelt von Kleintieren in einem Zug für dein Kleinaquarium gefangen. Willst du nicht die ganze Beute hineinnehmen, dann gib den Netzinhalt in ein kleines Einmachglas, wo bald alles munter herumschwimmt. Dort kannst du dann mit einer Pipette die dir zusagenden Tierchen

Der Fischzug mit dem Damenstrumpf

herausfangen und in ein Transportglas (größere, weithalsige Flasche mit gutschließendem Zapfen) setzen.

Fang nach dem «Pipettenprinzip»

Als Pipette benützt du einfach ein Glasröhrchen mit Gummiblase. Noch einfacher aber ist es, mit dem Daumen die obere Öffnung eines längeren Glasröhrchens zuzuhalten, die untere Öffnung möglichst über das zu fangende Tierchen zu bringen und dann für einen Augenblick den Daumen zu heben. Dadurch wird das Wasser ins Glasrohr eingesogen und zieht das Tierchen mit. Nun kannst du, den Daumen fest auf die obere Öffnung gepreßt, das gefüllte Glasrohr über das Transportglas halten und den Daumen heben, so daß Wasser und Lebewesen ins Glas fließen.

Nahrung dieser Planktontierchen

Wenn wir nur ganz wenige dieser kleinen Tierchen halten, brauchen wir gar nichts zu füttern. Dann genügt es, jeden Tag eine Pipette voll Schlammwasser aus einer Pfütze, einem Bach oder Teich hineinzugeben. Einen dichtbevölkerten Behälter aber würde die nötige Schlammenge verunreinigen.

Fischtrockenfutter, Ochsenherzpulver, Blutmehl

Darum zerreiben wir zwischen den Fingern jeden Tag eine winzige Menge von Fischtrockenfutter. Ja, wenn wir zufällig irgendwo bluten, lassen wir einige Tropfen Blut ins Wasser des Aquariums fallen und füttern das Plankton damit. Es darf nur so viel Futter ins Glas kommen, daß nichts davon zu Boden sinkt, dort fault und das Wasser vergiftet und verpestet. Ein richtig gepflegtes Aquarium stinkt nie!

Wasserschnecken als Aquarienreiniger

Halte wenn möglich einige Wasserschnecken als Aquarienreiniger im Glas.

Wasserflöhe

Am auffälligsten sind in unserer Planktonausbeute die Wasserflöhe. Winzige, bald rundlichere (Daphnien), bald länglichere (Cyclops) kleine Krebschen durchrudern und durchhüpfen das Wasser (s. Abb. 1 und 2). Eine gute Lupe oder gar ein Mikroskop eröffnen dir wahre Wunderwelten. Nimm mit der Pipette einzelne dieser Tierchen heraus und laß sie auf einem Objektträger oder in einem sauberen Uhrenglas in einem Wassertropfen herumschwimmen. So kannst du sie mit Lupe oder Mikroskop herrlich beobachten, wie sie fressen, wie sie atmen, wie ihr Herz schlägt und wie ihre Jungen aus den Eiern schlüpfen.

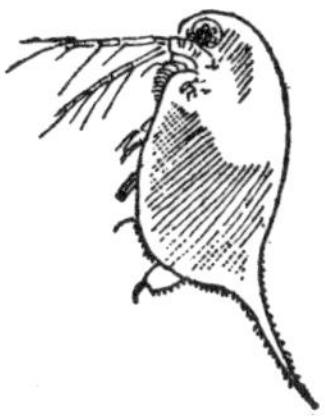

Artemien

Im Zoogeschäft kannst du unter diesem Namen ein braunes Pulver kaufen. Davon gibst du eine winzige Prise in ein Gläschen mit Salzwasser und läßt dies stehen. Schaue jeden

Das Wunder mit dem Salzkrebschen

Tag mit der Lupe nach, was daraus geworden ist. Auf einmal wirst du unzählige winzige weiße Krebschen sehen können, die munter herumschwimmen. Diese Artemien sind die Dauereier des Salzkrebschens (Artemisia salina), das in den Wasseransammlungen von Salzbergwerken lebt (s. Abb. 3). Man kann diese Eier jahrelang aufbewahren, ohne daß sie die Keimkraft verlieren. Leider ist es sehr schwierig, die Krebschen aufzuziehen. Daher geben wir Salzwasser samt Krebschen nach einiger Zeit in ein Aquarium, wo die Fische bald eine Krebsjagd veranstalten werden.

Wasserassel

Ein Gesundheitspolizist

Manchmal, besonders wenn wir mit dem Netz an Unterwasserpflanzen vorbeistreichen, fangen wir ein seltsames vielbeiniges, zentimeterlanges Tier, das auch zu den Krebstieren gehört, die Wasserassel (s. Abb. 4). Die Wasserasseln leben von allerlei faulenden Pflanzenteilen und Tierleichen. Sie helfen also das Aquarium sauber halten. Achte auf das lustige Bild, das sich dir bietet, wenn das viel größere Weibchen das kleine Männchen herumschleppt. Wie das Känguruh trägt auch die Wasserasselmutter ihre Jungen in einem extra ausgebildeten Brutraum mit sich herum. Einmal entlassen, können aber die Jungen nicht mehr zurückkehren.

Die Wasserspinne hat die Taucherglocke erfunden

Wenn du besonderes Glück hast, springt dir aus dem Mischmasch von Pflanzen und Schlamm, den dein Fischzug aus dem Tümpel oder Bach ergeben hat, eine kleine bräunliche Spinne (s. Abb. 5) davon. Fang sie rasch und bring sie ins Aquarium! Du wirst es nie bereuen. Wie ein silberglänzendes Kügelchen taucht sie unter Wasser und spaziert an den Wasserpflanzen herum. Rund um ihren Leib trägt sie als Atemluftvorrat eine Luftschicht, und darum glänzt sie so schön. Unter dem Wasser spinnt die Spinne ihre Fäden und webt damit ein seltsames Netz, das sie mit vielen Fäden am Boden und an Pflanzen verankert. Darunter trägt sie nun, in unermüdlichem Hin und Her zwischen Oberfläche und Netz, immer mehr und mehr kleine Luftbläschen. Bald wölbt eine kirschengroße Luftblase das Netz empor wie der Ballon das Strickwerk, das ihn am Boden hält. Das ist nun das Heim der Wasserspinne, die Urform der Taucherglocke. Dorthin schleppt sie ihre Beute, und dort erneuert sie jeweils ihren Luftvorrat, um nicht jedesmal wieder an die Oberfläche steigen zu müssen. Füttere sie mit Wasserasseln.

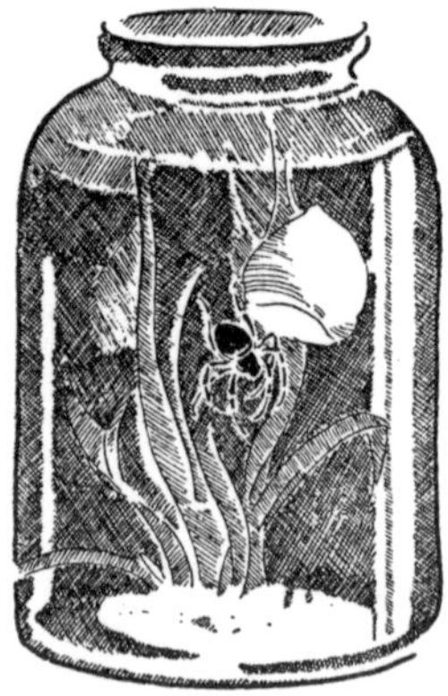

Wasserwanzen sind sehr interessant

Trotz des anrüchigen Namens sind die Wasserwanzen recht unterhaltsame Aquarientiere, die viel Interessantes bieten können. Drei Arten kommen für uns vor allem in Frage, der *Rückenschwimmer* (Wasserbiene, weil sie sticht, s. Abb. 6), der *Wasserskorpion* (s. Abb. 7) und die *Stabwanze* (s. Abb. 8). Alle drei überwältigen als Raubtiere ihre Beute mit dem schnabelartigen Mundwerkzeug, das sie uns auch gerne in den Finger stechen, wenn wir sie unvorsichtig anfassen. Der Rückenschwimmer rudert mit zwei speziellen Ruderbeinen frei im Wasser herum, auf dem Rücken natürlich, wie es sein Name erfordert. Die beiden anderen klettern an Wasserpflanzen herum oder liegen im Grundschlamm, wo man sie kaum sieht. Die Stabwanze stellt sich sogar tot, wenn du sie im Netz herausziehst und wird deshalb leicht übersehen. Spüle den Schlamm mit Wasser weg, bis du sie findest. Beobachte, wie die Tiere mit Hilfe ihrer langen Atemröhre atmen, die sie an die Wasseroberfläche strecken. Füttere sie mit Wasserasseln.

Schnaken

Von der riesigen Zahl der Insektenlarven, die in den Gewässern unseres Landes leben, sollen uns vor allem zwei beschäftigen. Schau jeden Tag im Wasserfaß im Garten nach, ob du auf dessen Wasseroberfläche kleine, merkwürdige, gewölbte Schiffchen, bräunlich gefärbt und 1 bis 2 mm lang, mit vielen länglichen Eiern findest. Es sind Schnakeneier. Nicht daß du nun das ohnehin allzu große Heer dieser nächtlichen Schlafzimmermusikanten vermehren sollst, aber ihren Entwicklungsgang im Aquarium zu beobachten, ist recht interessant. Weißt du übrigens, daß nur die Weibchen stechen und Blut saugen? Findest du keine Eier, so trage die Larven heim und beobachte deren Entwicklung.

Köcherfliegen

Ein seltsamer Baumeister

In jedem Bach, jedem Fluß siehst du merkwürdige walzenförmige Gebilde am Boden herumkriechen. Bald sind sie aus lauter gleichgroßen Sandkörnchen zusammengesetzt, bald aus Pflanzenstückchen oder gar aus winzigen Schneckenhäuschen, und bei allen gucken vorne einige Beine und ein hornbrauner Kopf heraus. Es sind die Larven der Köcherfliegen, die wie die Häuschenschnecken ihr selbstgebautes Haus mit sich herumtragen. Nur können sie ihr Haus verlassen, die Schnecken aber bekanntlich nicht. Löse sorgfältig eine Larve aus ihrem Häuschen und bring sie in ein Glas Wasser. Sie wird unglücklich herumkriechen und etwas suchen, um ihre

Blöße zu decken. Gib ihr farbige Glaskrällchen, sie wird es dir durch den Bau eines Glashäuschens danken.

Käfer

Groß ist auch die Zahl der wasserbewohnenden Käferarten. Zwei vor allem fallen uns da auf. *Der Kolbenwasserkäfer ist neben dem Hirschkäfer der größte Käfer unseres Landes.* Er ist der größte Wasserkäfer. Nimm ihn ruhig in die Hand, den riesigen tiefschwarzen Gesellen, der gemütlich das Wasser durchrudert, er tut dir nichts. Er könnte dich höchstens mit einem am Bauchschild abstehenden Sporn verletzen, der aber keine Giftdrüse hat. Setze ihn ruhig zu deinen Fischen ins Aquarium, aber deck es dann ordentlich zu, sonst fliegt er dir weg. Im Aquarium frißt er Futterreste und weidet die Algenrasen ab, die auf den Wasserpflanzen wuchern. Unter Wasser schillert sein Bauch silbrig weiß, weil er daran seinen Luftvorrat mit sich führt. Schau ihm zu, wenn er ihn an der Oberfläche des Wassers erneuert. Hast du Glück, kannst du ihn beobachten, wie er sein Eierschiffchen baut, das einen hohen Mast als Lüftungskamin besitzt. Seine Larven hingegen sind Räuber und fressen dir deine Kleinfische weg. Der *Gelbrandwasserkäfer* ist fast so groß und läßt sich an dem gelben Rand erkennen, der seinen ganzen Rücken säumt. Auch er schwimmt gern und noch schneller als der Kolbenwasserkäfer. Aber setze ihn ja nicht zu deinen Fischen, sonst ist bald der letzte aufgefressen, halte ihn allein und gib ihm ab und zu Kaulquappen oder einen Regenwurm als Futter.

Ein gefährlicher Räuber

1 *Wasserfloh (Daphnia)*
2 *Wasserfloh (Cyclops)*
3 *Artemien (Artemisia salina)*
4 *Wasserassel (Asellus aquaticus)*
5 *Wasserspinne (Argyroneta aquatica)*
6 *Rückenschwimmer (Notonecta maculata)*
7 *Wasserskorpion (Nepa cinerea)*
8 *Stabwanze (Ranatra linearis)*
9 *Posthornschnecke (Planorbis)*
10 *Spitzhornschnecke (Limnaea)*

1

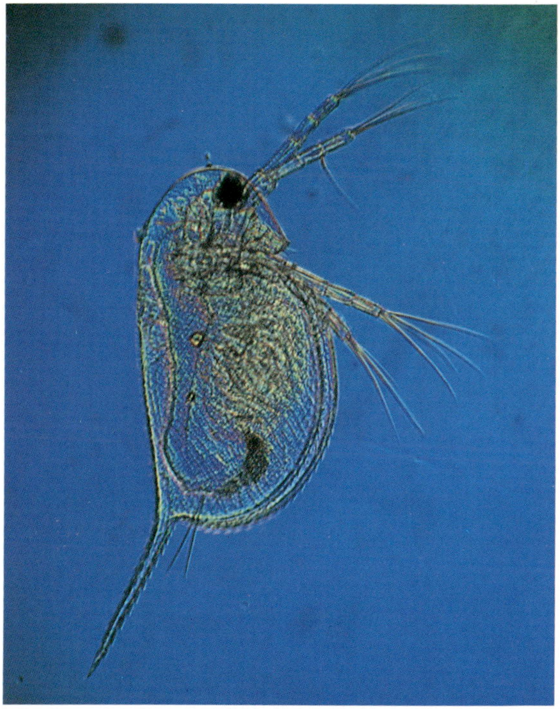

2

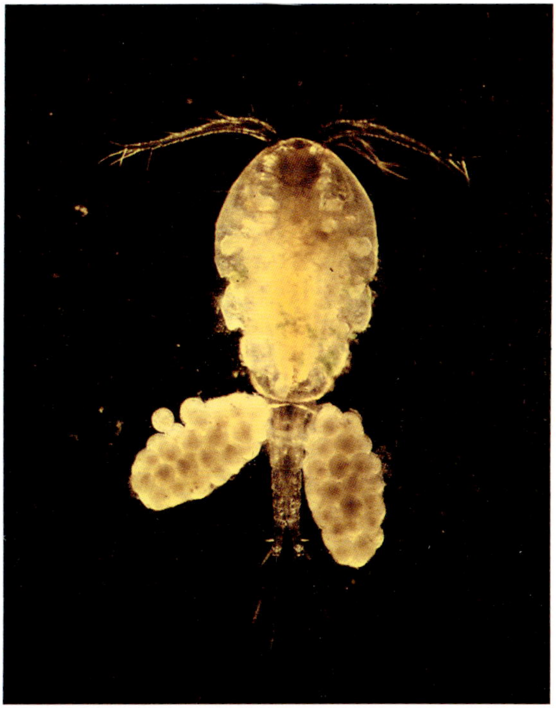

3

4

5

6

7

8

9

10

11

12

13

Der Süßwasserpolyp ist ein seltsames Tier

Die Aquarienliebhaber sind nicht gut auf ihn zu sprechen, weil er manchmal die winzigen, eben aus den Eiern geschlüpften Fischchen verzehrt. Uns aber wird er auch im Aquarium, und wenn's nur ein Pillenröhrchen ist, große Freude machen. Holt euch eine tüchtige Handvoll von dem Grünzeug, das wie Schnittlauch auf der Suppe auf manchen Teichoberflächen schwimmt und Teichlinsen genannt wird, und setzt es in ein Glas mit Wasser. Nun seht euch die ins Wasser hinabhängenden Würzelchen dieser Pflänzchen genauer an. Wenn ihr Glück habt, meist allerdings erst nach einigen Stunden der Ruhe, seht ihr quer ab von diesen Würzelchen seltsame schlauchartige, grüne, graue oder bräunliche Gebilde sich ganz langsam bewegen. Es sieht aus, als wenn sich ein Fühler einer Schnecke selbständig gemacht hätte und sich hier zu seinem Vergnügen zusammenzöge und ausdehnte. Dann habt ihr den Namensvetter der unheimlichen Meerespolypen, den kleinen, für Kleintiere aber nicht weniger furchtbaren Süßwasserpolypen (s. Abb. 12) gefunden. Bald setzen sich diese Tierchen wie kleine Knöpfchen auch an der Glasscheibe fest, und du kannst sie noch besser beobachten. Dann strecken sie sich weit hinaus ins Wasser und entfalten an ihrem oberen Ende einen vielarmigen Tentakelkranz (fingerartige Fangarme), mit dem sie das Wasser durchfischen, bis sie ein Flohkrebschen oder ein Jungfischchen erwischen. Durch Nesselbatterien wird das Opfer augenblicklich gelähmt oder getötet und dann aufgefressen. Diese Nesselbatterien sitzen zu Hunderten in der Haut des Polypen und können an einem langen, spiralig aufgerollten Faden scharfe Dolche herausschleudern, die mit Ameisensäure vergiftet sind. Ist das Tier gut genährt, so wachsen ihm irgendwo am Leib sogenannte Tochtertiere heraus, die sich später selbständig machen. Die grünen Polypen haben ihre Färbung von in ihrer Haut eingelagerten Grünalgen.

Ein «festgewachsenes» Tier

Tentakel = Fangarme

Merkwürdige Vermehrung

Blutegel sind dir wohl nicht sympathisch?

Viele Egel gibt es, aber der bekannteste ist sicher der Roßegel, der schwarze, bandartige, langsam herumschwimmende, flache Wurm, der sich von Regenwürmern ernährt. Weniger bekannt, aber berühmter ist sein Vetter, der Blutegel, der in der Medizin verwendet wird, viel eleganter und schneller schwimmt und auch schöner, meist grünlich und rötlich gestreift, gefärbt ist (s. Abb. 13). Während der Roßegel dir nichts tun kann, hat der Blutegel einen sägeartigen Kieferapparat, mit dem er dir ein T-förmiges

Der Roßegel nährt sich nicht von Pferden, sondern von Regenwürmern

11 *Blasenschnecke (Physa)*
12 *Süßwasserpolyp (Cnidaria Hydra)*
13 *Blutegel (Hirudo medicinalis)*

Loch in die Haut sägen kann. Da er Blut saugen muß, um zu leben, sondert er aus dem Mund einen Stoff ins Blut ab, der dessen Gerinnen verunmöglicht. Würde das Blut gerinnen, würden dem Egel ja sämtliche Speisewege durch die entstehenden Gerinnsel verstopft. Darum auch bluten Egelwunden an unseren Beinen noch stundenlang, wenn wir unvorsichtigerweise in einem von Blutegeln bewohnten Teich herumgestelzt sind.

Das T-förmige Loch in deiner Haut

Blutegelwunden bluten lange

In vielen Gewässern finden wir auch kleinere Egel, die Fisch- und Schneckenegel. Auch diese kannst du monatelang im Aquarium halten, sogar ohne Futter. Auf alle Fälle aber setze einige Wasserschnecken und Wasserasseln zu ihnen hinein. Mit Glück findest du einmal eine Egelmutter, die ihre Jungen angesaugt am Bauche trägt. Es sieht dann aus, als hätte sie viele wurmartig bewegliche Beine wie ein Tausendfüßler. Und eben diese Beine sind die Jungen.

Wasserschnecken gehören auch ins Aquarium

In einem gut bepflanzten Becken bieten uns auch all die einheimischen und fremdländischen Wasserschnecken viel Interessantes. Wir wollen uns vor allem vier auffällige Formen merken.

Spitzhornschnecke

Die *Spitzhornschnecke* (Limnaea; s. Abb. 10) und ihre kleineren Verwandten sind sehr auffällige, in eine gedrehte Spitze auslaufende Unterwasserschnecken, die man überall antrifft. In Gartenteichen und größeren Aquarien sind sie sehr hübsch, in kleineren Aquarien schaden sie, da sie die Pflanzen sehr schnell abfressen. Allein gehalten und fleißig mit Wasserpflanzen aus einem Gartenteich gefüttert, sind sie recht unterhaltend. Viel kleiner und gedrungener gebaut sind die *Blasenschnecken* (Physa), die der Liebhaber wegen ihrer schnellen Fortbewegung «Schnelläufer» nennt (s. Abb. 11). Diese schaden den Pflanzen nicht, sind uns aber durch Abweiden der darauf und an den Scheiben ja üppig wachsenden Algenrasen sehr wertvoll. Außerdem beleben sie das Aquarium.

Blasenschnecken sind «Schnelläufer» im Vergleich mit der Verwandtschaft

Am bekanntesten sind aber für Aquarien die verschiedenen Arten der *Posthornschnecken* (Planorbis; s. Abb. 9), besonders deren albinotische blutrote Formen.

Alle diese Schneckenarten lassen sich gut halten, auch im ungeheizten Becken, und sie pflanzen sich leicht durch Eier fort. Die Eier liegen in glashellen, runden oder nierenförmigen Gallertklümpchen an Steine, Pflanzen oder Scheiben angeklebt. Sitzen sie an einer Scheibe, kann man von außen mit der Lupe wundervoll die ganze Entwicklung der jungen Schnecken beobachten.

Auf die am Glas angeklebten Schneckeneier achten

In Teichen und Seen finden wir noch weitere interessante Schneckenformen, die lebendgebärenden, sich in ihr durch einen Deckel verschließbares Gehäuse zurückziehenden *Sumpfdeckelschnecken* (Vivipara). Hier gibt es sogar Männchen und Weibchen, was nicht bei allen Schnecken der Fall ist. Das Weibchen hat zwei gleiche, dünnausgezogene Fühler, das Männchen einen spitzen und einen kolbenartig verdickten. Die Weibchen bringen von Zeit zu Zeit fixfertig entwickelte Junge, mit einer schöngeringelten Schale, die dazu noch behaart ist, zur Welt. Solche Schnecken kann man gut im Aquarium halten, wenn man sie aus einem Tümpel oder Weiher holt. Exemplare aber aus größeren Gewässern, vor allem aus den großen Seen, gehen rasch zugrunde.

Sumpfdeckelschnecken bringen fertige kleine Schnecken zur Welt

Muscheln sind schwierige Pfleglinge

Von den vielen Muscheln aus unseren Teichen und Seen eignen sich nur ganz wenige für das Aquarium. Vor allem auch wiederum diejenigen aus kleinen Tümpeln und Teichen, da sie weniger luftbedürftig sind als die aus den sauerstoffreicheren Seen und Flüssen. Als Nahrung dient ihnen der Aquariumschlamm, den sie mit einem selbsterzeugten Wasserstrom in sich aufsaugen und filtrieren. Muscheln allein gehalten sind natürlich langweilige Pfleglinge, da sie sich ja kaum bewegen. Interessant werden sie erst im Verein mit Fischen, nämlich mit Bitterlingen (S. 35).

Wie man Muscheln «fängt»

Muscheln sind leicht zu beschaffen, nur muß man wissen, daß sie meist fast völlig eingewühlt im Sande versteckt liegen und nur die Atemöffnung darüber hinausstrecken. Man erkennt diese an den beiden darüberliegenden weißen Stellen der Muschelschale. In diese Öffnung steckt man nun eine Weidenrute nur etwa einen halben Zentimeter tief hinein, was die Muschel zum Zusammenklappen der Schalen veranlaßt. Damit klemmt sie die Rute ein und kann so daran herausgezogen werden. Noch besser ist es, wenn man eine alte Suppenkelle an einen Stock bindet und damit die Muschel herausfischt. Man kann sie tagelang trocken transportieren, darf sie aber nicht der Sonne aussetzen.

Die schwimmenden erbsgroßen *Erbsmuscheln,* die man manchmal in Teichen freischwimmend treiben sieht, lassen sich ebenfalls längere Zeit in einem etwas verschlammten Aquarium halten.

Über den Bau, die Einrichtung und Aufstellung eines Aquariums

Das ist Tierquälerei

Niemals ein kugelförmiges oder sonstwie rundbauchiges Gefäß kaufen, denn es ist eine Qual für seine Bewohner und führt bald zu deren Tod. Ein Aquarium soll immer kistenförmig, und alle daran vorkommenden Ecken und Kanten sollen rechtwinklig sein. Es muß also immer, ob wir von oben, von vorne oder von der Seite darauf schauen, eine quadratische oder rechteckige Form haben. Dabei müssen wir zwei grundverschiedene Typen von Aquariengläsern auseinanderhalten, nämlich die aus einem Stück gegossenen sogenannten Vollgläser und die aus einem Metallrahmen und einzelnen, eingekitteten Scheiben zusammengesetzten Rahmenaquarien. Die zuletzt erwähnten sind den Vollgläsern unbedingt vorzuziehen, aber sie sind viel teurer.

Vollglasaquarien sind gefährlich

Akkumulatorengläser sind billig, aber nicht sehr geeignet

Das billigste Vollglas, das du dir beschaffen kannst, ist ein sogenanntes Akkumulatorenglas. Bei Trödlern, beim Altwarenhändler oder bei einem Elektrizitätswerk ist es zu kaufen. Suche dir aber das mit dem hellsten Glas aus, denn manche sind grünlich gefärbt oder sind durch Luftblasen, die im Glasinnern sitzen, getrübt. Diese Gläser sind meistens höher als breit und wirken deswegen nicht schön. Laß es dir vom Glaser in der gewünschten Höhe abschneiden. Versuch dies aber nicht selber zu tun, sonst kannst du das Glas nachher fortwerfen und hast vielleicht noch die Finger zerschnitten. Es gibt aber im Aquarienladen auch als Aquarien gegossene Vollgläser. Diese haben einen abgeschliffenen Rand, sind aus klarem und glattem Glas und wirken ebenso sauber wie ein Rahmenglas. Beide Typen aber, Akkumulatorenglas und Vollglasaquarium haben den großen Nachteil, daß sie *sehr empfindlich* sind. Da das Glas sehr dickwandig gegossen ist, nach dem Guß aber die Abkühlung nicht überall gleichmäßig erfolgte, sind im Glas große Spannungsdifferenzen vorhanden. Wenn dann an einer Stelle das durch den Wasserdruck ohnehin stark beanspruchte Glas geritzt oder gestoßen wird, kann es explosionsartig zerspringen. Man muß daher solche Gläser sehr sorgfältig behandeln, besonders beim Transport.

Gefüllte Vollgläser darf man weder verschieben noch herumtragen

Ein gefülltes Vollglas soll unter keinen Umständen verschoben oder gar herumgetragen werden. Bevor man es füllt, stellt man es auf eine elastische Unterlage aus Filz, Gummi oder mehreren Papierlagen und achtet sorgfältig darauf, daß es nicht etwa auf ein Sandkorn zu stehen kommt, sonst springt es in Stücke, wenn wir es füllen. Bevor wir Wasser eingießen, legen wir die Steine sorgfältig hinein, ohne damit das Glas anzustoßen. Gesprungene, aber nicht auseinandergeborstene Gläser soll man unter keinen Umständen mehr verwenden und schon gar nicht mit Wasser füllen, auch wenn sie noch wasserdicht sein sollten.

In Vollgläsern darf man keine Heizeinrichtung einbauen

Niemals darfst du in ein Vollglasbecken eine Heizeinrichtung einbauen. Lasse dich nicht von Freunden dazu überreden. Es läßt sich dabei nämlich nicht vermeiden, daß die eine oder andere Scheibe des Beckens stärker erwärmt wird als die anderen, und schon haben wir wieder Spannungsunterschiede, die zum Zerspringen führen können.

Große Vollgläser sind stets gefährdet

Ebenso gefährlich für Vollgläser ist es, sie von der Sonne längere Zeit bescheinen zu lassen, oder wenn beim Fensteröffnen im Winter ein kalter Luftzug auf sie fällt. Es kann fünzigmal gut ausgehen, aber einmal passiert das Unglück doch, und solche Nachlässigkeit hat schon viel Schaden angerichtet und manchem jungen Aquarianer seine Liebhaberei für immer verleidet. Heute gibt es billige Plastikaquarien, die zwar leicht zerkratzt werden beim Reinigen, sonst aber praktisch und ungefährlich sind.

Herrichten eines Vollglasbeckens

Meistens wirst du dich für den Anfang aus finanziellen Gründen doch für ein Vollglas entschließen müssen. Dann merke dir, daß jedes Vollglas, das mehr als etwa 35 Liter faßt, eine ständige Gefahr ist für den Raum, in dem es aufgestellt wird, und dessen Bewohner. In der Regel ist die obere Glaskante nicht glatt, besonders dann nicht, wenn es sich um ein gekürztes Akkumulatorenglas handelt.

Maßnahmen gegen den scharfen Rand

Darum schleife diesen Rand zuerst glatt mit einem feinen Sandstein, einem Stück Schmirgelscheibe oder mit Schmirgelpapier. (Achtung auf die Finger!) Noch besser ist es, wenn du den Rand einfaßt, sei es mit Holz oder mit Bleiblech, das du einfach in Streifen schneidest und von oben nach beiden Seiten dem Glasrand aufdrückst. Auch das Verkleben des Randes mit Heftpflaster oder mit in Ölfarbe getauchten Tuchstreifen, die du antrocknen läßt, schützt deine Finger vor dem scharfen Glasrand. Wenn du aber aus irgendeinem Grunde doch Warmwasserfische darin halten willst, kannst du das Vollglas

Heizung auf Umwegen

auf einem Umweg doch heizen: Du stellst es in einen mit Sand gefüllten Kasten, in dem du vorher einige Meter Bleiheizkabel verlegt hast. Diese erwärmen den Sand und damit auch das Becken relativ gleichmäßig. Eine Sprunggefahr besteht aber auch da.

Das Rahmenaquarium ist das einzig Richtige

Das Rahmen- oder Gestellaquarium hat sich von allen anderen Arten am besten bewährt, und es ist auch am formschönsten. Es besteht aus einem Gestell aus Winkelmetall (Eisen, rostfreier Stahl, Messing oder andere rostfreie Metalle). Die Anfertigung eines solchen Rahmens ist Schlosserarbeit, wir kaufen uns daher am besten irgendwo einen bereits gebrauchten Rahmen, den wir dann nur noch zu verglasen brauchen. Beim Neuanfertigenlassen denke man aber daran, daß die Breite und Dicke des verwendeten Winkelmetalls der Größe des Beckens Rechnung tragen muß. Weichmetalle wie Messing widerstehen dem Wasserdruck weit weniger als Eisen, und zu schmale Winkelrahmen würden einfach umgelegt und die Scheiben würden herausspringen. Für die gebräuchlichsten Aquariengrößen verwendet man gewöhnlich Winkeleisen mit 20 mm breiten Schenkeln.

Das dazu passende Glas

Nicht Fensterglas verwenden

Die Glasscheiben, die wir einsetzen wollen, müssen nicht nur durchsichtig sein, sie müssen auch die dem Wasserdruck entsprechende Dicke haben. Fensterglas ist dazu viel zu schwach. Beschaffe dir, wenn du kannst, Bruchstücke von Schaufenstern, von Eisenbahn- oder Straßenbahnscheiben von wenigstens 6, besser aber 8 bis 12 mm Dicke. Du bekommst sie am billigsten beim Altwarenhändler oder bei Bahnwerkstätten. Lasse sie dir aber gleich auf die nötige Größe zurechtschneiden, denn du bringst das trotz Diamant- oder Rädchenglasschneider nicht fertig.

Größenverhältnisse sind nicht Nebensache

Von schönen Proportionen

Achte auch auf die richtigen Proportionen beim Kauf eines Aquariums oder wenn du einen Rahmen bauen läßt. Ein Becken, das höher ist als breit, wirkt unschön. Das Verhältnis der Länge zur Breite soll etwa 4 : 3 oder 6 : 4 betragen, und für alle drei Dimensionen, für Länge, Höhe und Tiefe (Breite), möge man sich an das Verhältnis 6:4:4 halten. Eine Höhe von 60 cm soll dabei nicht überschritten werden, weil diese Wasserhöhe für viele Fische nicht zuträglich ist. Bei ganz kleinen Aquarien darf man allerdings nicht ganz nach diesem Schema gehen, da sonst die Wassertiefe zu gering würde. Hier einige Maße von gefälligen Aquarien: 27:18:24 oder 48:32:32 oder 96:64:60 cm. Die Zwischengrößen, die etwa der Platzverhältnisse wegen nötig sein könnten, sind ja leicht aus diesen Beispielen zu errechnen.

Das Aquarium ist undicht, was tun?

Alte, lange trocken aufbewahrte Aquarien sind meistens undicht. Jedes alte Aquarium stellen wir darum zuerst einmal in der Waschküche oder im Garten waagrecht auf und füllen es mit Wasser. Durch den Transport können sich Scheiben gelockert, es kann Sprünge im Kitt gegeben haben, und das Wasser tropft aus allen Fugen. Ist der Behälter aber seinerzeit fachmännisch verglast worden, wird sich das Aquarium durch den Wasserdruck und durch Einlagerung von im Wasser gelöstem Kalk innert Tagen oder Wochen von selber dichten. Tropft es aber auch nach Wochen noch weiter, dann zeichne die undichten Stellen außen an, entleere den Behälter und trockne ihn tadellos aus. Reinige ihn mit Hilfe von Glaspapier vom Farbanstrich, entferne alle Rostspuren, besonders am Boden, wenn dieser aus Eisenblech besteht. (Es gibt auch Glas-, Schiefer- und Kupferblechböden.) Dann knetet man eine Portion Glaserkitt so lange durch, bis er butterweich ist und streicht damit jede Fuge gut aus. (Hilft aber nur, wenn alles wirklich trocken ist.)

Kitt und Mennige sind die Heilmittel

Dann streicht man sowohl den Kitt als auch den Blechboden mit dünnflüssiger Ölfarbe (Mennig) sorgfältig aus und läßt einige Tage trocknen, worauf man noch ein zweites und drittes Mal bemalt. Ist auch der letzte Anstrich gut trocken, stellt man an einem sonnigen Tag den Behälter an die Sonne, damit er gut warm wird.

Zum Schluß ein Paraffinüberzug

In einer Pfanne schmelzen wir inzwischen auf dem Herd Paraffin und gießen es dann den inneren Kanten nach ins Aquarium. Da dieses warm ist, bleibt das Paraffin länger flüssig und kann durch Hin- und Herkanten des Gefäßes nach allen vier Richtungen gelenkt werden, so daß der ganze Boden und alle Fugen einen dünnen Paraffinüberzug erhalten. Darauf füllen wir sofort nicht allzu kaltes Wasser ein, damit das Paraffin nicht spröd und brüchig wird. Das hat zur Folge, daß der neueingestrichene Kitt, die Ölfarbe und das Paraffin als homogene (zusammenhängende) Masse in die undichten Fugen hineingepreßt werden und so das Aquarium wieder tadellos abdichten.

Wir wollen das Glas selber neu einsetzen

Bei Aquarien, die jahrelang trocken gestanden haben, ist es zweckmäßig, die Scheiben herauszunehmen und sie neu einzukitten.

Sorgfältig kratzen wir den alten Kitt weg, bis wir die Scheiben herausnehmen können. Nun werden der ganze Metallrahmen und auch der Boden mit Salmiakgeist sauber abgelaugt oder mit Glaspapier trocken abgerieben, bis beides blank ist. Dann streichen wir den Rahmen mit Mennig zweimal dünn an und verdecken diese rote Farbe mit zwei Anstrichen der endgültigen Farbe. Erst wenn die Farbe wirklich ganz trocken ist (es eilt nämlich gar nicht!), setzen wir die Scheiben wieder ein, die natürlich ebenfalls sauber geputzt worden sind.

Geduld bringt Rosen und ein einwandfreies Aquarium

Die Frage, was für ein Kitt am besten ist, ist immer noch nicht gelöst. Der eine schwört auf einen Kitt, den er aus Glaserkitt und Mennigpulver zurechtgeknetet hat, jener mischt Glycerin in seine Kittmasse, damit sie nicht trockne und porös werde. Wieder einer nimmt gar Schiffskitt. Davon allerdings möchte ich euch dringend abraten. Gewiß dichtet Schiffskitt wunderbar. Aber wenn du einmal eine gesprungene Scheibe ersetzen willst, bringst du sie nicht heraus, ohne daß die daran stoßenden Scheiben alle auch in die Brüche gehen. Mit ganz gewöhnlichem, aber gut durchgeknetetem Glaserkitt habe ich völlig zufriedenstellende Resultate erzielt und kann ihn also auch hier empfehlen. Beim Durchkneten des Kitts ist es von allergrößter Wichtigkeit, daß sich kein auch nur kleinster Rest von hartgewordenem Kitt oder gar ein Sandkorn oder ein anderer Fremdkörper darin befindet. Ein solches hartes Körnchen würde beim Einfüllen des eingekitteten Glases unfehlbar den Bruch der Scheibe nach sich ziehen, die auf diesem Körnchen gelagert wurde.

Schiffskitt ist nicht zu empfehlen

Zuerst bereitet man eine genügend große Kittmenge durch Weichkneten vor. Dann setzen wir die Bodenscheibe (sofern kein Blech- oder Schieferboden vorhanden ist) ein. Da die Bodenscheibe ja nicht durchsichtig zu sein braucht, kannst du auch eine Mattglasscheibe oder eine 10 bis 20 mm dicke Drahtglasscheibe verwenden. Sie soll möglichst exakt in den Rahmen passen. Du probierst sie zuerst ohne Kitt und nimmst sie noch einmal heraus. Die Stellen des Rahmens, auf die die Scheibe zu liegen kommt, werden nun mit bleistiftdicken Kittwürstchen gleichmäßig belegt und diese auf die Breite des Rahmenschenkels ausgewalzt. Dann legst du die Scheibe sorgfältig von oben her darauf, wobei du darauf achten mußt, daß sie möglichst gleichzeitig überall auf den Kitt zu liegen kommt. Dann legst du ein Brettchen darauf

Wie der Boden eingesetzt wird

und beschwerst dieses gleichmäßig mit Gewichten, Bleistükken, Steinen oder einem gefüllten Wasserkessel. So belastet läßt du die Bodenscheibe über Nacht oder noch länger ruhig stehen. Bezähme deine Ungeduld, sonst hast du nachher nur Ärger! So preßt sich der Kitt dem Rahmen und dem Glas gut an und dichtet um so sicherer ab.

Wie die Seitenwände eingesetzt werden

Sitzt die Bodenscheibe gut, dann erstellen wir die Seitenwände. Wieder belegst du die Rahmenschenkel mit Kittwürstchen und setzt vorerst die beiden Längsscheiben ein. Achte dabei darauf, daß die dem Beschauer zugekehrte Scheibe ohne Kratzspuren ist! Sobald die vier Wandscheiben eingesetzt sind, stellen wir das Aquarium wieder ganz horizontal auf und füllen es sofort mit Wasser. Durch den Druck des Wassers werden dann die Scheiben noch völlig auf den Rahmen aufgepreßt, und der zuviel eingelegte Kitt quillt zwischen Rahmen und Glas hervor, wo wir ihn abkratzen. So lassen wir das Gefäß wieder einige Tage, je länger, je besser, stehen und reinigen inzwischen die Scheiben von den Ölflecken, Farbspritzern und Kittresten. Gleichzeitig suchen wir den endgültigen Standort für das Aquarium.

Es ist nicht gleichgültig, wohin du dein Aquarium stellst!

Vom biologischen Gleichgewicht

In jedem nichtdurchlüfteten Aquarium muß sich das «biologische Gleichgewicht» einstellen. Das heißt: Das Verhältnis zwischen Wasser, Pflanzen und Tieren muß gerade so sein, daß Pflanzen und Tiere tadellos gedeihen und das Wasser rein und klar bleibt und nicht ständig eine grüne oder braune Brühe bildet. Deshalb muß auch der Standort des Beckens entsprechend gewählt werden. Steht das Glas an der Nachmittagssonne, erhält es zu viel Licht, es bilden sich im Wasser frei schwebende Algen, und Glaswände und Pflanzen werden von Algenrasen überwuchert, unter dem die Pflanzen ersticken. Zudem bildet ein grünes Aquarium eine Quelle ständigen Ärgers und kann uns diese Liebhaberei verleiden. Hat der Behälter aber zu wenig Licht, verkümmern die Pflanzen, produzieren weniger Sauerstoff, und die Fische beginnen zu kränkeln.

Algen sind die Schrecken des Aquariums

Hier mußt du dazu mit dem praktischen Versuch den guten Mittelweg finden. Wenn du also ein Fischglas aufstellen willst, frage wegen des Standortes zuerst einen Praktiker. Es gibt in vielen Städten ganze Vereine von Aquarienliebhabern, deren Mitglieder dir gerne raten und helfen. Hast du aber keine Möglichkeit, einen Fachmann beizuziehen, mußt du eben selber probieren. Stelle einmal provisorisch dein Becken noch ohne Fische, aber mit Pflanzen, am vorgesehenen Platz auf und beobachte es. Hat es dort ein bis zwei

Es gibt Vereine von Aquarienliebhabern

Stunden Morgensonne, dann ist es gut. Bekommt es aber Nachmittagssonne, dann stelle es nicht zu dicht ans Fenster, beschatte es eventuell mit einigen Topfpflanzen oder ziehe während der stärksten Besonnung einen Vorhang davor.

Vermag dein Tisch das schwere Aquarium zu tragen?
Es ist aber nicht nur wichtig, für sein Aquarium einen günstigen Standort zu finden, sondern du mußt dir auch darüber klar sein, daß ein so schweres Möbel nicht überall hingestellt werden kann. Du mußt ja außer dem Eigengewicht des Beckens noch pro Liter Wasser ein Kilo Gewicht rechnen. Nicht jeder Tisch kann dies tragen. Bei ganz großen Becken muß man sich auch noch vorher beraten lassen, ob überhaupt die Tragfähigkeit des Zimmerbodens genügend groß ist. Für gewöhnlich stellen wir das Aquarium auf den Fenstersims, auf einen Tisch oder ein eigens dafür gebautes Gestell, das aus Holz oder Metall sein kann. Ein Radiotischchen oder gar ein Blumenständer sind dazu ganz ungeeignet. Auch wenn sie vielleicht das Aquarium zu tragen vermögen, würden sie doch beim geringsten Stoß zusammenbrechen. Ein richtiges Aquariumgestell muß sehr solid gearbeitet sein und darf nicht auf dünnen Füßen stehen. Es gibt übrigens besondere «Schuhe» aus Holz oder Kunststoff, in die man die Füße des Gestells stellen kann, um den Boden zu schonen. Raffinierte Aquarianer haben Gestelle, die auf breiten Rollen laufen und es ermöglichen, mit dem Becken dem Lichtquell nachzugehen oder es vom Fenster wegzuschieben.

Ein schweres Aquarium gehört nicht auf ein leichtes Blumentischchen

Nun wollen wir das Aquarium einrichten!
Zuerst müssen wir uns darüber klar sein, ob wir Kalt- oder Warmwasserfische halten wollen. Während des Sommers können wir für beide Arten Warmwasserpflanzen verwenden, Kaltwasserpflanzen sterben aber über den Winter im Warmwasserbecken ab.
Es gibt recht verschiedene Methoden, ein Aquarium einzurichten; man kann fast sagen, daß jeder Liebhaber wieder seine eigene hat, auf die er schwört. Ich gebe hier die an, die mir guten Erfolg gebracht hat. Grundsätzlich wollen wir uns zwei verschiedene Methoden merken, die mit einer Erdmischung als Bodengrund und die mit bloßem Sand. Beide habe ich ausprobiert, und beide haben sich gut bewährt. Mir scheint aber doch, daß ein Aquarium mit einer Erdschicht als Bodengrund den natürlichen Verhältnissen besser entspricht, und ich möchte diese Methode befürworten. Sie erfordert allerdings größere Exaktheit und Sauberkeit, da sonst die Erde leicht das Wasser trüben kann.

Durch Erfahrung wird man klug

Die richtige Erdmischung ist sehr wichtig

Da die verschiedenen Pflanzen verschiedene Ansprüche an den Bodengrund stellen, bieten wir ihnen zweckmäßigerweise eine Mischung dar. Diese enthält von allem ein wenig, im übrigen aber verlassen wir uns auf den natürlichen Dünger, den uns die Fische und die anderen tierischen Bewohner des Beckens liefern. In einem Eimer weichen wir einige Tage lang eine kleine Quantität Torf in heißem Wasser ein, so daß er völlig naß wird. Damit mischen wir gleichviel Sand, Lehm und gute Walderde (also ohne Dünger!) gut durcheinander und kneten alles mehrfach tüchtig durch.

Torf, Sand, Lehm und gute Walderde ergeben eine geeignete Mischung

Ein mindestens noch einmal so großes Quantum Sand haben wir vorher in einem Eimer durch Einleiten von Wasser unter gleichzeitigem Rühren von allem Staub und Schmutz befreit. Mit diesem nassen Sand bauen wir nun längs den Scheiben am Aquariumboden einen Rand, damit die nachher einzufüllende Erde nirgends direkt ans Glas grenzt und von außen unsichtbar bleibt. Die der Lichtquelle am nächsten liegende vordere Ecke des Beckens grenzen wir durch ein schräggestelltes 8 bis 10 cm langes und 3 bis 4 cm hohes Glasstreifchen ab, so daß dort eine vertiefte Stelle entsteht. An dieser tiefsten Stelle des Aquariumbodens sammelt sich nun aller Unrat an und kann leicht von dort abgezogen werden. Inmitten dieses von Sandwällen umgebenen Vierecks füllen wir nun die Erdmischung ein und drücken sie tüchtig fest, damit möglichst wenig Luftblasen darin zurückbleiben. Du kannst die Erde aber auch in spezielle kleine Töpfe abfüllen, die Pflanzen darein setzen und sie dann in einen Sandgrund einlassen. Richtiger Bodengrund ist aber vorzuziehen. Nun streuen wir vorerst nur eine feine Schicht Sand über die Erde, die vom Schlammsammler an nach hinten langsam ansteigen soll.

So setzt du die Pflanze ein!

Mit dem Finger oder einem Bleistift bohrst du kleine Löcher in die Erde, senkst die Pflanzen sorgfältig ein und drückst die Erde leicht fest. Quetsche vor allem unbewurzelte Schosse nicht, sie faulen dir sonst ab und schwimmen nach einigen Tagen nutzlos obenauf. Bewurzelte Schosse aber setze nur gerade so weit ein, daß die Wurzeln von der Erde bedeckt werden, sonst faulen auch sie ab. Rund um die frischgesetzte Pflanze drücken wir noch einige kleine Steinchen in den Grund, um sie zu verankern, oder wir heften sie mit Glasnadeln fest.

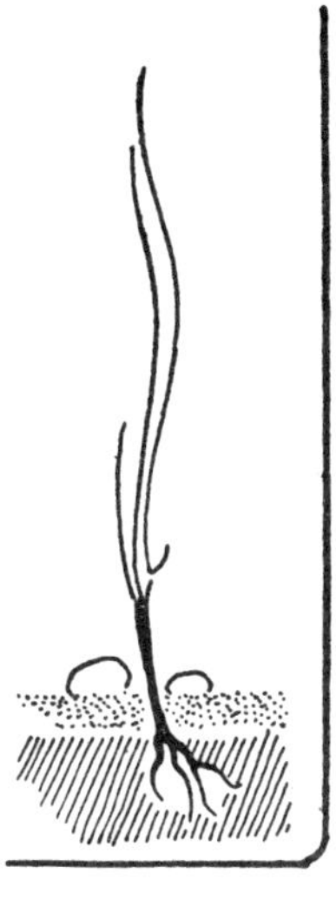

Endlich streust du eine weitere Schicht gut ausgewaschenen

Sandes oder des käuflichen feinen Aquarienkieses in einer Dicke von 2 bis 3 cm über den Bodengrund.
Ganz gleich bepflanzen wir auch ein Aquarium, das nur Sand als Bodengrund enthält.

Jetzt kannst du das Wasser einfüllen!
Dabei aber mußt du aufpassen, daß dir das hineinfließende Wasser nicht den ganzen Bodengrund aufschwemmt und nachher statt eines schön bepflanzten Aquariums ein Becken Dreckwasser mit darin herumschwimmenden Pflanzen dasteht. Um dies zu verhindern, stellst du das Wassergefäß oben auf eine Ecke des Aquariums. Mit einem etwa bleistiftdicken Schlauch oder Bleiröhrchen saugst du das Wasser an und läßt es in stricknadeldickem Strahl auf ein im Aquarium auf den Bodengrund gestelltes Blumentellerchen (ein Packpapier geht auch) fließen. Das Tellerchen fängt den Strahl auf und läßt das Wasser langsam und gleichmäßig über seinen Rand hinaus ins Becken fließen. So bleibt es schön sauber, und nichts wird in Unordnung gebracht. Nachher kannst du das Tellerchen oder Papier wieder herausnehmen. Zuerst aber fülle nur bis zur Hälfte und kontrolliere, ob nirgends Wasser austritt. Tropft es irgendwo ein wenig, hat das nicht viel zu sagen. Stell ein Gefäß unter die tropfende Stelle, um das Wasser aufzufangen. Nach einigen Tagen hört das Tropfen von selber auf. Ist das Aquarium aber dicht, füllen wir es völlig auf bis etwa 2 cm unterhalb des Randes oder (bei Kastenaquarien) unterhalb des eisernen Rahmens (von innen gesehen), damit dieser nicht direkt ins Wasser zu liegen kommt und rostet. Hohe Vollgläser füllen wir nie ganz auf, höchstens 30 bis 35 cm, sonst wird der Wasserdruck zu hoch, und die Bruchgefahr ist noch größer. Nun lassen wir das Aquarium ruhig einige Tage stehen, auch wenn wir noch so ungeduldig sind, es mit Tieren besetzt zu sehen. Zuerst müssen die Pflanzen richtig anwachsen, bevor man sie durch Tiere stören darf. Sonst geben sie zu wenig Sauerstoff ab, und die Tiere leiden an Atemnot.

Nicht wieder alles aufwühlen

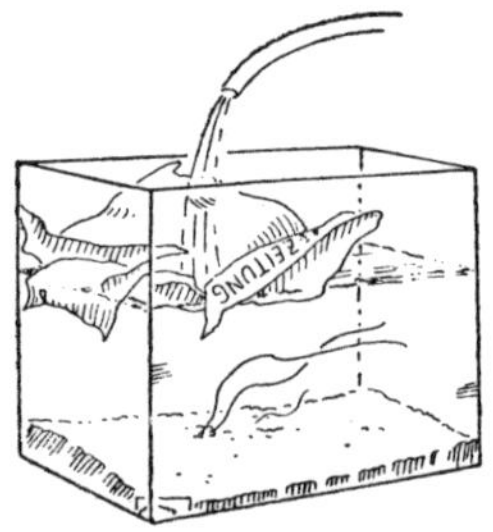

Eisenrahmen soll nicht vom Wasser überschwemmt werden

Pflanzen richtig anwachsen lassen

Das Aquariumwasser wird grasgrün. Was soll man tun?
Bekommt das Aquarium zu viel Licht, färben sich nach einigen Tagen sowohl die Scheiben als auch das Wasser durch Algenbildung grasgrün und werden undurchsichtig. Durch Lichtregulierung mit Vorhängen, Aufkleben eines grünen Papieres auf die Lichtseite der Aquariumscheibe bringt man die Algen zum Absterben, oft allerdings erst nach Wochen. Wasserwechsel nützt da nichts, denn Algensporen sind immer noch zu Millionen vorhanden und keimen im neuen

Wasser sofort wieder aus. Diese sich im Wasser freischwimmend bildenden Schwebalgen haben manchem schon die Liebhaberei verleidet. Durch richtige Placierung des Beckens und durch Abschirmung des Lichteinflusses kann die unangenehme Bildung jedoch verhindert werden. Lichteinfall von oben können wir auch durch Einsetzen von Schwimmpflanzen wie Teichlinsen, Froschbiß usw. dämpfen. Wer aber nicht auf die langsame Klärung durch Lichtabschluß warten will, kann diese Prozedur beschleunigen durch einen biologischen Vorgang. Er setzt einfach gehörige Portionen von lebendem Plankton, vor allem von Daphnien ein. Diese Kleinkrebschen filtrieren nun das Wasser tadellos sauber. Wer es sich leisten kann und Arbeit sparen will, kann sich durch eine Aquarienhandlung eine Filtrieranlage einbauen lassen. Es ist dies ein kleiner Glaskasten, durch dessen Glaswatte- und Kohlepulverfüllung das Wasser mittels einer Pumpe hindurchgeleitet wird. Solche Pumpen gibt es in vielen Systemen mit Wasser- und elektrischem Antrieb. An diese Pumpen kann natürlich auch eine Durchlüftungseinrichtung angeschlossen werden. Sie führt den Fischen Atemluft zu. Dies ist aber nur dann notwendig, wenn mehr Fische im Aquarium untergebracht sind, als die Pflanzen mit Sauerstoff versorgen können. Mir selber sind solche durchlüfteten und filtrierten Aquarien unsympathisch, weil sie unnatürlich sind und nicht den Anforderungen des biologischen Gleichgewichtes entsprechen. Für Schauaquarien in Tiergärten allerdings sind sie eine Notwendigkeit, da man dort viele Tiere zusammen zeigen muß.

Daphnien filtrieren das algengrüne Wasser

Wenn du ein Aquarium hast, mußt du es auch pflegen!

Deine Arbeit ist nicht zu Ende, wenn du dein Aquarium richtig bepflanzt und besetzt und am richtigen Standort aufgestellt hast. Es gibt im Gegenteil immer wieder Neues zu tun. Nach wenigen Tagen erscheint das Wasser nicht mehr so kristallklar wie kurz nach dem Einfüllen. Das liegt aber nicht am Wasser, sondern an den Scheiben hat sich ein ganz feiner grüner oder bräunlicher Niederschlag angesetzt, und der trübt das Gesamtbild. Es ist Algenrasen, den wir regelmäßig entfernen müssen. Wohl helfen uns die Wasserschnecken im Kampf gegen die Algen, aber sie weiden jeweils nur einen krummen Weg durch den grünen Belag, so daß man nur noch auffälliger die unsaubere Scheibe sieht.

Die Glasscheiben werden langsam undurchsichtig

Am einfachsten reinigen wir das Glas mit einem Lappen, den wir mit der Hand wie die fensterputzende Mutter unter dem Wasser am Glas hin und her bewegen. Unser Arm aber

verdrängt sehr viel Wasser, und das läuft uns über den Aquarienrand hinaus, nicht nur in den Ärmel, sondern leider auch auf den Boden. Dafür hat die Mutter aber kein Verständnis, und darum müssen wir den putzenden Arm verkleinern, damit weniger Wasser verdrängt wird. Ein fingerdicker Holzstab dient uns als Arm und ein mit Hirschleder mehrfach umwickeltes und quer an diesen Stab genageltes Querholz als Lappenpapier. Paß aber auf, daß du damit nicht bis an den Boden des Behälters reichst. Es könnte sich daran ein Sandkorn festhängen und dir die ganze Scheibe zerkratzen. Dies ist unschön und erhöht zudem die Bruchgefahr des Glases sehr stark.
Eine kleine Bürste aus Kupferdraht, ebenfalls an einem Stiel befestigt, erfüllt den gleichen Zweck und ebenso eine dicke, quer am Stab befestigte Gummiplatte. Ganz besonders praktisch sind aber die käuflichen Scheibenreiniger, in die man eine Rasierklinge einspannt, die dann jede Unreinigkeit vom Glas wegkratzt. Aber auch hier Vorsicht wegen mitgerissener Sandkörner! Eine in einen Korkzapfen eingelassene Rasierklinge tut den gleichen Dienst, wenn du den Zapfen schräg an einem Holzstab anbringst. Vorsicht bei Plastikaquarien!

Auch der Boden des Aquariums muß ab und zu saubergemacht werden

Aus den Fischexkrementen, abgestorbenen Pflanzenteilen, Staub aus der Luft und Futterresten (was es aber nie geben sollte!) bildet sich im Laufe der Zeit am Aquariumboden eine Schlammschicht, Mulm genannt. Solange dieser Mulm als lockere, dunkle Masse am Boden liegt, ist er etwas Natürliches und hat sogar gewisse Vorzüge. Er düngt nämlich die Wasserpflanzen. Zeigen sich aber darauf weißliche Überzüge, Schimmelpilze, dann ist etwas nicht mehr in Ordnung, und der Mulm muß abgesaugt werden. Hast du den Behälter sachgerecht eingerichtet, sammelt sich dieser Schlamm in der durch eine schräge Glasscheibe abgeteilten Schlammecke, wo man ihn gut entfernen kann. Um dies zu bewerkstelligen, dienen uns verschiedene Hilfsmittel. Praktisch, aber etwas teuer, sind die käuflichen Schlammheber aus Glas, deren Anwendung dir der Verkäufer erklären wird. Billiger und doch gut ist die Verwendung eines Schlauches, in dessen einer Seite ein weites Glasrohr steckt von der Länge der Aquariumtiefe. Mit der einen Hand kannst du das Glasrohr an den abzusaugenden Platz hinführen.

Der Mulm ist der Dünger im Aquarium

Um das Rohr in Tätigkeit zu bringen, füllst du den Schlauch (und das Rohr) mit Wasser an, indem du ihn bogenförmig unter den Hahn hältst, so daß beide Öffnungen nach oben

Reinigung des Bodens mit dem Saugheberprinzip

gerichtet sind. Dann hältst du mit den beiden Daumen die zwei Öffnungen zu, so daß kein Tropfen austreten kann, kehrst rasch den Schlauch um, daß nun beide Öffnungen nach unten sehen. Das Glasrohr steckst du ins Aquarium und läßt erst unter dem Wasserspiegel die Öffnung frei. Das andere Ende gibst du erst frei, wenn es direkt über dem Eimer hängt, der den Mulm aufnehmen soll. Nun kannst du durch Zusammenpressen des Schlauches die Saugwirkungen herabmindern und regulieren. Damit nicht auch Sand und Schnecken mitgerissen werden, kannst du das Glasrohr an seiner vorderen Öffnung über einer Gasflamme erhitzen und mit einer ebenfalls erwärmten Flachzange flachdrücken, so daß ein Schlitz entsteht, der die gröberen Mulmteile absiebt.

Was für Pflanzen soll man ins Aquarium setzen?

Wasserpflanzen dienen als Versteck für junge Fische

Neben ihrem Dienst als Sauerstofflieferanten haben im Aquarium die Unterwasserpflanzen noch weitere Aufgaben zu erfüllen. Sie dienen den Fischen, vor allem den jungen, als Versteck; Fische und Schnecken setzen oft ihre Eier daran ab, endlich müssen sie auch die Fische vor direkter Sonnenbestrahlung schützen. Auf ihren Blättern wachsen dichte Rasen mikroskopisch kleiner Lebewesen aller Art, die besonders auch für junge Fische wertvolle Nahrung darstellen.

Wie man Wasserpflanzen «pflückt»

Bei der Beschaffung der Wasserpflanzen halte dich zuerst an die in unseren Teichen und Tümpeln wachsenden Kräuter. Pflanzen aus Flüssen und Bächen eignen sich zur Verpflanzung in Aquarien weniger, besonders wenn sie aus starker Strömung stammen. Mit einem Hakenstock, einem Rechen oder einem aus dickem Draht gedrehten dreiteiligen Anker, den du an einer Schnur ins Wasser werfen und dann einziehen mußt, holst du dir ein Bündel Wasserpflanzen an Land. Untersuche sie zuerst auf allerlei daranhängende Tiere (Wasserspinne!). Nimm davon einige bewurzelte Stöcke oder einige Spitzentriebe heraus, und wirf alles übrige wieder ins Wasser. Es ist unschön, Zeichen seiner Anwesenheit zurückzulassen, und zudem vertrocknet eine Menge kleinster Tiere mit den Pflanzen, was durchaus nicht nötig ist. Hast du die Pflanzen aus einem Teich beschafft, worin Fische leben, so

Sicherheit ist geboten

könntest du damit eventuell Fischkrankheiten ins Aquarium einschleppen. Wasche die Wasserpflanzen vor dem Einsetzen ins Aquarium in einer Lösung von Kochsalz (ein Eßlöffel in 1 l Wasser) oder lege sie in ein mehrstündiges Bad einer Lösung von $^1/_{10}$ g Kaliumpermanganat in 2 l Wasser. Nachher spült man die Pflanzen gut ab und setzt sie sorgfältig ein.

Da du dich mit Aquarien beschäftigen willst, kennst du natürlich unsere gewöhnlichen Wasserpflanzen längst. Wenn nicht, hole das unverzüglich nach. Eine der schönsten und dankbarsten, aus Amerika bei uns eingeschleppten Arten ist die *Wasserpest (Elodea)*, die du in fast jedem Tümpel finden kannst. *Hornkraut (Ceratophyllum)*, *Tausendblatt (Myriophyllum)*, *Wasserstern (Callitriche)*, *Laichkräuter (Potamogeton)*, *Armleuchtergewächse (Chara)*, *Quellmoos (Fontinalis)* und *Pfennigkraut (Lysimachia)* sind einige schöne, gut brauchbare Aquarienpflanzen aus unserer Heimat. *Lysimachia* wächst bei uns überall sogar auf trockenen Wiesen mit schön gelben Blüten, und wenn du sie ins Aquarium versetzt, wächst sie unter Wasser prächtig weiter. Von ausländischen Aquarienpflanzen, die du dir im Laden oder bei einem Aquarienliebhaber besorgen mußt, sind besonders die untergetauchten Arten des *Pfeilkrautes (Sagittaria)* außerordentlich haltbar und schön. Ähnlich auch die *Valisnerien* (gibt es im Tessin wild), die ihre grasartigen Unterwasserblätter bis zur Wasseroberfläche treiben. Sehr schön, aber empfindlich sind die *Cabomba-Arten* und die *Ludwigien*. Der Händler wird dir noch viele andere schöne, aber leider auch meist teure Wasserpflanzen zeigen. Interessant, aber nicht sehr häufig ist die frei im Wasser schwimmende fleischfressende Pflanze, die unter dem Namen *Wasserschlauch* bekannt ist. Sie treibt schön gelbe Blüten über die Wasseroberfläche empor und fängt sich zu ihrer Ernährung in kleine Fangreusen allerlei kleine Wassertierchen, vor allem Daphnienlarven.

Die einheimischen Wasserpflanzen

Ausländische Aquarienpflanzen

Eine fleischfressende schwimmende Wasserpflanze

Wer sein Aquarium nicht filtriert, braucht den Pflanzen nicht noch Dünger zuzuführen. Die Exkremente der Fische und anderen darin gehaltenen Tiere genügen dafür vollauf, selbst wenn nur Sand als Bodengrund gewählt worden ist. Doch ist es zweckmäßig, alle ein bis zwei Jahre den Bodengrund zu erneuern.

Was du vom Warmwasseraquarium wissen mußt

Wenn du deine Erfahrungen mit dem Kaltwasseraquarium gesammelt hast, lockt es dich sicher, auch einmal die prächtigen Warmwasserfische zu halten. Eine große Auswahl der farbigsten Wunderfische tropischer Gewässer steht dir da beim Händler zur Verfügung, sofern du das nötige Geld hast. Es gibt aber auch ebenso schöne, dazu leicht haltbare Arten, die fast nichts kosten, weil man sie leicht und massenhaft züchten kann. Aber es sind nicht nur die Tierkosten, die das Warmwasseraquarium verteuern. Es

14 Sonnenbarsch (Lepomis gibbosus)
15 Stichling (Gasterosteus aculeatus)
16 Flußkrebs (Astacus fluviatilis)
17 Bergmolch im Hochzeitskleid (Triturus alpestris alpestris)
18 Marmormolch (Triturus marmoratus), Sommerkleid
19 Marmormolch (Triturus marmoratus), Hochzeitskleid
20 Axolotl (Ambystoma mexicanum)
21 Blatty (Xiphophorus maculatus)
22 Krallenfrosch (Xenopus laevis)
23 Schwertfisch (Xiphophorus helleri rubra)
24 Guppy (Lebistes reticulatus), oben Weibchen, unten Männchen

15

16

22

23

Farbige Wunderfische tropischer Gewässer brauchen geheizte Aquarien

braucht dazu ja noch eine besondere Heizungseinrichtung, ohne die das Halten tropischer Fische eine Tierquälerei wäre, wenn es überhaupt gelingt. Wir wollen zum vornherein alle die alten, früher gebräuchlichen Aquarienheizungseinrichtungen mit Gas, Paraffin, Petrol in der Rumpelkammer lassen und vergessen und uns ganz an das moderne, also elektrische Heizverfahren halten. Aber, wie schon gesagt: Nur Rahmenaquarien heizen! Vollgläser könnten dabei springen. Du kannst vielleicht monatelang ein Vollglas heizen, ohne daß etwas passiert, aber es braucht nur einmal ein kalter Luftzug beim Öffnen eines Fensters eine Seite des Beckens etwas abzukühlen, und schon springt das Glas in Stücke.

Bei der Pflege der sogenannten Warmwasserfische ist es notwendig, die Wassertemperatur ständig auf 20 bis 30 Grad zu halten, je nach Art und Herkunft des Fisches. Es ist dabei zu beachten, daß in einem geheizten Behälter weniger Fische gehalten werden können als in einem ungeheizten, weil das warme Wasser luftärmer ist. Es sei denn, man schaffe sich eine Durchlüftungseinrichtung an.

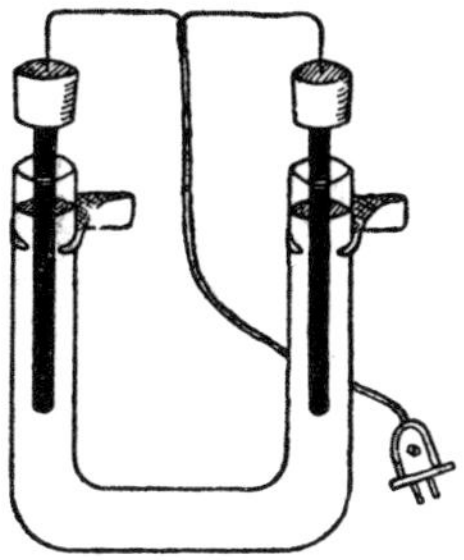

Wer sich keine der meist teuren, fertig käuflichen Aquarienheizungen leisten kann, vermag sich selber mit einigem Geschick eine zu basteln. Dazu benötigen wir ein U-förmig gebogenes Glasrohr von etwa 15 mm innerer Weite. Seine Größe muß der Tiefe und Breite des Aquariums entsprechen (siehe Randzeichnung). Das Glasrohr hängen wir an der vom Beschauer entferntesten Aquariumwand inwendig so auf, daß die oberen Rohröffnungen gleichhoch oder höher als der Rand des Aquariums zu liegen kommen. Nun brauchen wir noch eine elektrische Zuleitungsschnur und einen Stecker (wenn möglich Gummikabel). Dazu noch zwei etwa 10 cm lange bleistiftdicke Blei- oder Zinkrohre, das ist alles. Um das U-Rohr fest montieren zu können, ist es zweckmäßig, wenn wir die Deckscheibe so zuschneiden, daß sie nicht das ganze Aquarium deckt, sondern hinten einen Streifen offenläßt, wo dann die U-Röhrenöffnungen herausstehen. Diesen Spalt schließen wir noch, um ein Hinausspringen der Fische zu verhindern, mit einem Streifen Eternit oder Blech, worin sich zwei Löcher zum Durchlassen der U-Röhrenenden befinden. Nun drehen wir die Zuleitungsschnur an ihrem freien Ende so weit auf, daß die zwei Drähte wie zwei Schenkel bis zu den Öffnungen der U-Röhre reichen, und entfernen dann vorne etwa 4 cm weit die Isolation. Die einzelnen Drahtbündel drehen wir etwas zusammen oder besser, wir löten sie mit Zinn zu einem festen Draht, den wir nun in die Bleiröhren bis zur Isolation einführen und durch

25 (Carassius carassius) Goldfische sind nicht immer «goldig»

Zusammenpressen derselben mit einer starken Flachzange festklemmen. Nun ziehen wir ein Stück entsprechend dicken Gummischlauchs über das Bleirohr soweit nach hinten, daß es die Stelle, wo Draht und Rohr zusammenstoßen, sowie den ganzen Schenkel des Drahtes als wasserdichte Isolation überzieht, das Bleirohr aber zur Hauptsache frei läßt. Jetzt durchbohren wir zwei Korkzapfen entweder mit einem Korkbohrer oder mit einem glühenden dicken Eisendraht so, daß wir die beiden Bleirohre durch das Loch gerade noch durchzwängen können. Wir schieben die Korken so weit nach oben, daß diese in ihrem Innern die Zusammentrittstelle von Draht und Bleiröhren enthalten und schützen. Nun füllen wir das U-Rohr mit Wasser bis fast zum Rand und stecken die beiden Bleiröhren so weit hinein, daß die Korkzapfen die U-Röhre oben völlig schließen. Dann soll der Wasserstand der Röhre nur etwa bis 4 cm unter den Korken reichen. Nun öffnen wir den einen Schenkel der Röhre wieder und streuen einige Salzkörner hinein (Kochsalz) und warten bis sie sich gelöst haben. Dieses Salzwasser ist nun ein elektrischer Widerstand. Es wird warm beim Stromdurchfluß und kann so das Aquarium heizen. Nun schalten wir den Strom ein, warten einen Tag und kontrollieren die Wasserwärme. Ist diese noch unter 20 °C, so streuen wir wieder ganz wenig Salz ein (vorher Strom ausschalten!) und warten wieder einen Tag. Sobald die Wärme gleichmäßig bleibt, können wir die Fische einsetzen.

Wie viele Fische darfst du im Aquarium halten?

Mit einer Durchlüftung steht es dir frei, so viele hineinzutun, wie du magst. Zu viele Fische wirken aber ebenso unschön wie zu wenig Pflanzen. Für das undurchlüftete Aquarium aber sollst du dir folgendes Maß merken. Für einen Fisch von der Größe eines Bitterlings brauchst du wenigstens 3 l Wasser, für einen halb so großen also die Hälfte. Daraus kannst du dir leicht anhand der Beckengröße und der Größe der einzusetzenden Fische die erlaubte Anzahl ausrechnen. Also lieber weniger Fische, diese aber gesund und munter!

Ein Fisch von der Größe des Bitterlings soll drei Liter Wasser zur Verfügung haben

Was für Fische passen ins Kaltwasseraquarium?

In seinen verschiedenen Formen ist der Goldfisch seit jeher der bekannteste Aquarienfisch gewesen. Meiner Ansicht

Goldfische gehören in den Gartenteich, nicht ins Aquarium

nach paßt er aber besser in einen Gartenteich, da er im ja meist viel zu kleinen Glasbehälter immer plump wirkt und wenig erfreulich ist. Wieviel schöner sind da die eleganten Elritzen, besonders die Männchen im roten Brutkleid, die uns fast tropische Pracht vortäuschen können. Aber auch die frechen kleinen Stichlinge, die sich wie ein Vogel ein Nest für ihre Eier bauen, oder die Bitterlinge, die ihren Laich durch eine lange Legeröhre in die Atemöffnung der mit ihnen zusammenlebenden Malermuschel ablegen, sind mindestens so hübsch und interessant wie fremde Zierfische. Man kann aber auch all die anderen einheimischen Fischarten im Aquarium halten, solange die Tiere noch jung sind. Aber man denke daran, daß es Fischereigesetze gibt!

Fischereigesetze beachten

Einheimische Aquariumfische

Elritze

Elritzen sind leicht zu haben

In größeren Schwärmen findet sich in Bächen und Tümpeln die *Elritze,* die wir mit einem Kescher oder in einer mit Fischfutter geköderten weithalsigen, weißglasigen Flasche, die wir an einer Schnur ins Wasser legen, fangen können. Man fange aber nur wenige Stücke und lasse die anderen wieder frei. Lasse dich also nicht durch die günstige Gelegenheit und vom Jagdfieber leiten, sondern denke daran, daß die Fische in der Transportkanne auch Sauerstoff nötig haben, und daß alle zugrunde gehen, wenn du zuviele zusammensperrst. Man kann die *Elritze* leicht halten und mit lebendem oder getrocknetem Fischfutter füttern, sofern genügend Pflanzen vorhanden sind.

Bitterling

Auch der *Bitterling* ist schon wegen seiner bereits erwähnten Brutfürsorge interessant. Im Aquarium gelingt die Zucht allerdings nicht immer, im Gartenteich hingegen ist sie kinderleicht. Das Weibchen bekommt zur Brutzeit eine lange Legeröhre, die es geschickt in die Atemöffnung der Muschel einführt, um die Eier dort zu placieren. Die Muschel wird dann eifersüchtig bewacht, während sich die Eier im Atemwasser der Muschel entwickeln. Die jungen Bitterlinge bleiben noch einige Zeit im Innern der Muschel, um endlich durch dieselbe Öffnung, die sie als Eier passierten, wieder ins Freie zu gelangen. Auch der Bitterling läßt sich wie die Elritze leicht halten mit demselben Futter.

Stichling

Sehr luftbedürftig ist der *Stichling* (s. Abb. 15). Er gedeiht nur in ganz gut bepflanzten Becken. Man hüte sich aber, mehr als ein Pärchen im selben Aquarium zu halten, da sonst blutige Kämpfe unvermeidlich sind und bald alle Stichlinge mehr oder weniger zerbissen und verletzt sein werden. Hat man ein Pärchen (das Männchen erkennst du an seinen leuchtend roten Hochzeitsfarben) beisammen, wirst du bald sehen, wie das Männchen einen Platz besonders verteidigt, auch gegen deinen hingehaltenen Finger. Halte darum auch nicht andere Fische im Stichlingbecken, denn sie verletzen diese oft mit ihren Stacheln. Bald kannst du sehen, wie das Männchen eine Grube am Boden auswühlt und allerlei Wurzelzeug, das am Boden liegt, zusammenträgt und damit ein lockeres Nest baut. Durch einen aus den Nieren abgeschiedenen Schleim klebt es die Nestbestandteile zusammen, bis ein kleiner tunnelartiger Bau mit zwei Eingängen da ist. Dann treibt das Männchen das Weibchen in dieses Nest hinein, damit es dort die Eier ablegt. Ist dies geschehen, darf weder das Weibchen noch gar ein anderes Tier in die Nähe des Nestes. Sorglich fächert der bewachende Vater mit seinen Flossen frisches Wasser an die Eier heran, reinigt sie vom Schlamm und flickt Nestschäden wieder aus. Nach zehn bis dreizehn Tagen schlüpfen die Jungen aus. Sie werden oft vom Vater ins Maul genommen, besonders wenn sie sich aus dem Nest entfernt haben, und dann wieder ins Nest hineingespien.

Stichlinge bauen Nester

Der Vater als Brutpfleger

Nach vierzehn Tagen läßt der Stichlingvater die Jungen allein.

Stichlinge findet man oft in ganz kleinen Bächen. Du fängst sie mit dem Kescher und fütterst sie vorteilhaft mit lebendem Futter, besonders wenn du Wert auf Zuchterfolg legst. Sie sind heute als Opfer der Gewässerverschmutzung selten geworden, und man darf sie nur mit Erlaubnis des Fischereiberechtigten selber fangen.

Sonnenbarsch

Ein ganz prächtiger, ursprünglich aus Amerika stammender, nun einheimisch gewordener Aquarienfisch ist der *Sonnenbarsch* (s. Abb. 14). Aus Bächen und Flüssen, Seen und Teichen ist er heute fast überall leicht zu beschaffen. Paß auf, wenn du ihn in die Finger nimmst, er kann mit seinen Rückenstacheln stechen, indem er sie plötzlich aufstellt. Halte ihn in einem möglichst großen Aquarium, und füttere ihn neben Tubifex mit Daphnien und Regenwürmern.

Barsche haben stachlige Rückenflossen

Katzenwels

Ebenfalls aus Amerika ist bei uns der *Katzenwels* eingebürgert worden. Er ist weniger wegen seiner Schönheit als wegen seiner merkwürdigen Gestalt (er sieht aus wie eine Kaulquappe mit Schnauz) geschätzt. Man darf ihn aber nur mit größeren Fischen zusammenhalten, da kleinere in seinem großen Maul auf Nimmerwiedersehen verschwinden. Futter wie Sonnenbarsch.

Er räubert

Goldfisch

Obwohl ich den langweiligen *Goldfisch* im Aquarium wenig schätze – er wühlt gern den Boden auf und wirkt nur durch seine schöne Farbe – gibt es viele Fischfreunde, die auch ihn gerne pflegen wollen. Zudem ist er einer der am leichtesten zu beschaffenden Fische und kostet nicht viel. Es gibt sehr viele Goldfischarten, die ursprünglich von den Chinesen gezüchtet worden sind (s. Abb. 25). Am bekanntesten sind neben den gewöhnlichen weißen, roten, gelben oder scheckigen «Goldfischen» die *Teleskopfische* mit den Stielaugen und die langschwänzigen *Schleierschwänze*, für die von Liebhabern oft hohe Summen bezahlt werden.

Goldfische wühlen den Grund auf

Wenn du also im Aquarium Goldfische halten willst, merk dir folgendes: Bereite die Bepflanzung vor wie für andere Fische, verwende nur Sand als Bodengrund, decke diesen aber zu mit einer mehrfachen Lage von flachen Bachkieseln, die das Auswühlen der Pflanzen durch Fische verhindern.

Setze nur ganz kräftige Pflanzen ein, wie Sagittarien und Valisnerien. Füttere mit Trockenfutter, aber mäste die Fische nicht. Gib nur so viel, wie sie sofort auffressen können. Zu Boden sinkendes Futter verpestet das Wasser.
Willst du mehr wissen über Kaltwasserfische, schließe dich einem Verein von Aquarienliebhabern an, dessen Bibliothek dir wertvolle Dienste leisten wird. Und noch etwas. Existiert in eurer Rumpelkammer noch ein Goldfischglas, so benutze es höchstens noch als Blumenvase – es ist ein Marterkasten für die Tiere!

Alte Goldfischgläser sind höchstens als Blumenvasen zu gebrauchen

Auch andere Tiere lassen sich im Kaltwasser-aquarium halten

Der Flußkrebs (s. Abb. 16)
Das hartschalige Krustentier mit den starken Scheren lebt heute nur noch selten in Bächen, Flüssen und Seen bei uns. Halte ihn einmal im Aquarium, du wirst Spaß daran haben. Kauf dir einen lebenden Flußkrebs in einem Fisch- oder Delikateßgeschäft, denn fangen darf man diese den Fischereigesetzen unterstellten Tiere nicht selber. Zuerst aber bereite ihnen eine standesgemäße Wohnung. Ohne Durchlüftung kannst du sie im fließenden Wasser, also in einem Brunnen gut halten. Aber auch in einem großen, gut bepflanzten Aquarium geht es, wenn der Krebs aus einem See oder stillen Bächlein stammt und nicht aus einem Fluß. Das bepflanzte Aquarium hat bei der Haltung eines Krebses nur den Nachteil, daß dieser sich ständig versteckt und dir mit der Zeit bei seinen Wühlarbeiten die Pflanzen ausgräbt. Das beste Aquarium für die Krebshaltung ist ein mit Felsen ausgestattetes Becken, das aber entweder fließendes Wasser oder eine Luftpumpe für die Durchlüftung haben muß. Diese mußt du durch einen Fachmann einrichten lassen.

Aquarien für Krebse müssen durchlüftet werden

Wenn du ganz großartig tun willst, so klebe mit Zement oder Paraffin eine entsprechend zurechtgehauene dünne Steinplatte an die hintere Scheibe des Aquariums, und baue davor mit Steinplatten eine Felsanlage auf. Das muß aber so geschehen, daß dicht über dem Boden einige Steine etwas vorstehen, so daß zwischen ihnen und dem Boden eine kleine Halbhöhle offen bleibt, in die der Krebs seinen Hinterleib bergen kann. So kannst du ihn monatelang halten, er frißt Regenwürmer und Fischfleisch und häutet sich sogar.
Das Futter lassen wir durch ein hineingehaltenes Glasrohr dem Krebs direkt vor die Scheren gleiten oder halten es an einem Draht hin. Wichtig ist bei der Fütterung, daß auch

kleine Wasserschnecken gegeben werden, deren Schalen eine notwendige Kalkzufuhr für die Schalen des Krebses bilden.

Ein wahres Naturwunder: ein Krebs häutet sich

Bei der Häutung des Krebses, die je nach seinem Alter ein- bis zehnmal pro Jahr stattfindet, können wir ein wahres Naturwunder erleben. Zuerst zeigt sich der Krebs unruhig und wirft sich sogar auf den Rücken. Durch merkwürdige Bewegungen sprengt er den oberen Panzer des Kopfbruststückes teilweise ab, und aus dieser Öffnung zieht er nun seinen ganzen Körper mit Scheren, Fühlern und Füßen heraus. Er ist nun noch ganz weich (darum Butterkrebs genannt) und kann sich nicht bewegen, da den Muskeln die festen Stützpunkte noch fehlen (der Panzer ersetzt dem Krebs eben die Knochen) und muß warten, bis die Schalen sich erhärten. Alle seine Gliedmaßen quellen durch Einpumpen von Blut zur neuen Größe auf und werden dann in einigen Tagen wieder hart wie vorher. Vor der Häutung aber hatte der Krebs die alte, zu eng gewordene Schale erweicht, indem er die darin gelagerten Kalksalze herauszog und in Form von zwei bläulichen Halbkugeln (Krebsaugen genannt) in seinem Innern magazinierte. Nach der Häutung werden diese Kalkvorräte wieder aufgelöst und durch das Blut in die neuen Schalen eingelagert.

Kannibalen

Hat man im selben Becken mehrere Krebse beieinander, wird meist der frischgehäutete Krebs von seinen Kameraden aufgefressen, und wir finden als einzigen Rest davon die beiden Krebsaugen und die verlassene Schale. Hat der Krebs durch Unfall eine oder mehrere Scheren, Fühler oder Füße verloren, so entstehen sie bei der Häutung wieder neu.

Eine praktische Einrichtung

Man denke immer daran, daß Krebse auch an Land gehen können, und decke das Aquarium gut zu, sonst spazieren sie nachts davon. Dasselbe tun sie auch, wenn man sie in Brunnentrögen oder Gartenteichen hält. Sie steigen sogar an nur leicht rauhen Mauern hinauf und verschwinden.

Molche

Ganz reizende Pfleglinge, ja die schönsten überhaupt im Kaltwasseraquarium, sind die fremdländischen *Molche*.

Die schönsten Pfleglinge leben nur während der Paarungszeit im Wasser

Aber nur während der Paarungszeit, denn nur dann sind sie Wasserbewohner (sonst leben sie auf dem Land), und nur dann tragen sie die prächtigen Farben und die schmückenden Hautsäume über Rücken und Schwanz. Wenn man solche Molche das ganze Jahr halten will, gehören sie in ein Aquaterrarium, obschon du sie vom Februar an bis in den Juli hinein schwimmend im Aquarium halten kannst. Einzelne Exemplare lassen sich sogar dauernd an die Aquariumhaltung gewöhnen. Obwohl bei der Molchpflege Unterwasserpflanzen nur zur Dekoration und für die Weibchen zum Ankleben der Eier nötig sind, soll auch das Molchbecken unbedingt bepflanzt werden. Die Atemluft holt der Molch nicht aus dem Wasser, sondern an dessen Oberfläche. In ein kleines Becken pflanzen wir einige wenige starkblätterige Pflanzen (Sagittarien, Valisnerien, Ludwigia, Pfennigkraut), wobei aber kein dichter «Wald» entstehen darf, da du sonst die Molche nicht beobachten kannst. Als Bodengrund wähle etwa erbsengroßen, möglichst hellen (gelben) Kies oder gröberen Sand. Erst dann beschaffe dir die Tiere.

Der Molch atmet an der Wasseroberfläche

In den Fachgeschäften gibt es manchmal allerlei südeuropäische und überseeische Molcharten, so den außerordentlich schönen grünen *Marmormolch* (s. Abb. 18 und 19). Für wenig Geld kaufst du dir ein Molchpärchen, aber nicht mehr.

Der echte Tierfreund weiß, daß er ein Tier, das er aus der Natur herausnimmt, um es einzusperren, aufs beste pflegen muß, denn nur dann kann er sich dafür rechtfertigen. Wer aber den guten Willen und die Möglichkeit hat, ein Tier richtig zu pflegen, der darf es auch tun, denn die dabei gemachten Beobachtungen kommen indirekt immer wieder der Natur zugute.

Aquarium gut verschließen, denn Molche wandern aus

Eine Hauptregel bei der Molchhaltung mußt du dir einprägen: Lasse niemals das Becken ohne Deckgitter oder Deckscheibe stehen. Findet sich auch nur eine bleistiftdicke Spalte, wandern deine Molche aus, und die Mutter findet sie dann andern Tags als vertrocknete Mumien unter den Möbeln. Molche klettern selbst an glatten Glaswänden hoch, indem sie sich mit dem feuchten Bauch anheften.

Reichlich füttern

Als *Nahrung* gibst du deinen Molchen alles, was lebt und kleiner ist als sie, Würmer, Wasserflöhe, Insektenlarven, Heuschrecken, Kaulquappen. Gib ihnen so viel wie sie fressen mögen und bis ihre Bäuchlein rund und fett werden. Dann kannst du wieder ein bis zwei Tage warten.

Fein ist auch das *Züchten* der Molche. Eines Tages wirst du sehen, wie das Weibchen sich auf eine auffällige und merkwürdige Art mit den sonst unbeachteten Pflanzen zu schaffen macht. Mit den Vorderbeinen hängt es sich an eine Pflanze an und versucht ungeschickt mit den Hinterbeinen etwas in ein Blatt einzuwickeln. Es hat ein Ei abgelegt und versteckt dieses nun vor allfälligen Feinden. So beklebt es mit der Zeit alle Blätter mit den hanfkorngroßen Eiern. Fange nachher die beiden Eltern heraus, halte sie abgesondert im Aquarium oder lasse sie frei. Sonst werden die ausschlüpfenden jungen Molche von den eigenen Eltern mitleidslos

Rabeneltern

aufgefressen.

Als kleine Larven schlüpfen die jungen Molche bald aus und lassen beidseitig des Halses wie Moosbüschelchen abstehende Kiemenorgane erkennen, mit denen sie atmen. Molchlarven *müssen* also im bepflanzten Becken gehalten werden, da sie den Sauerstoff direkt aus dem Wasser aufnehmen. Als Futter gibst du ihnen lebende Wasserflöhe hinein, und später nehmen sie auch Tubifex und Enchiträen. Nach einigen Tagen wachsen zuerst die Vorder-, später die Hinterbeine aus.

Denk auch daran, daß die alten und die jungen Molche (sobald die Kiemen kleiner werden) die Möglichkeit haben müssen, aufs Trockene zu gehen. Setz sie ins Aquaterrarium oder leg ihnen ein Brettchen aufs Wasser.

Der Axolotl

Der Axolotl ist die Larve eines Molches

Mit diesem mexikanischen Namen bezeichnen wir nicht etwa einen Molch, sondern eine großgewordene Molchlarve

(s. Abb. 20). In Amerika gibt es nämlich eine ganze Reihe von Molchen, die zeitlebens Larven bleiben, zeitlebens ihre Kiemenbüschel tragen, ihre Atemluft nur unter Wasser holen können und darum zeitlebens unter Wasser leben müssen. Daß sie aber in diesem »Buschizustand« geschlechtsreif werden und Eier legen, das ist das Merkwürdigste daran. Solche Tiere nennt man neotenisch (frühreif). Diese weißen oder schwarzen, ziemlich groß werdenden Larven sind im bepflanzten oder durchlüfteten Kaltwasserbecken gut zu halten, wenn man sie mit Regenwürmern füttert. Rohes Fleisch als Futter verunreinigt nur das Wasser, darum lasse dir nicht dazu raten. Die Zucht dieses originellen Tieres ist nicht schwer. Die Eier bleiben in einem gut durchlüfteten flachen Becken oder in einem Teller unter schwach fließendem Wasser, bis die Jungen schlüpfen. Achte bei einem filtrierten Zuchtbehälter darauf, daß die Larven nicht durchs Saugrohr angesogen und ins Filter gebracht werden. Lege deshalb ein Drahtgewebe ums Saugrohr. Die Jungen werden wie andere Molcharten mit Wasserflöhen und später mit Tubifex großgefüttert.

Neotenische Tiere

Wenn es dir Spaß macht, kannst du durch Verfüttern von Schilddrüse, die du dir vom Metzger besorgen und den ja nur auf Lebendiges zuschnappenden Axolotl an einem Draht vorbewegen mußt, diese innert einigen Monaten in ihre Landform umwandeln. Diese sieht aus wie irgendein Salamander und kann nicht mehr im Wasser atmen, lebt also auch nicht mehr untergetaucht darin.

Man kann den Axolotl in ein Landtier umwandeln, das nun durch Lungen atmet

Der Krallenfrosch

Wohl das unempfindlichste, dankbarste und anspruchsloseste Aquarientier unter den Amphibien ist sicher der afrikanische *Krallen- oder Sporrenfrosch* (s. Abb. 22). Obwohl das Tier aus dem tropischen Afrika stammt, ist es fast unempfindlich gegen Abkühlung des Wassers. Bei nur 6 °C frißt es noch wie bei 20 °C und zeigt keinerlei Zeichen von Unbehagen. Natürlich ist das weder nötig noch anzuraten. Man soll das Tier möglichst so warm halten, wie es das von Afrika her gewöhnt ist. Im Sommer genügt dazu die natürliche Sonnenwärme, und im Winter stellt man das Aquarium in die Nähe des Ofens oder der Heizung. Solange er noch klein ist, kannst du den Sporrenfrosch gut im bepflanzten Aquarium halten, nur versteckt er sich da gerne, und man sieht ihn nur beim Füttern.

Anspruchslose Pfleglinge

Ohne Heizung und ohne Filter lebten diese Frösche bei mir über zwanzig Jahre in einem Aquarium, das nur eine hübsche Felsenrückwand hatte und keinerlei Pflanzen. Der Boden war mit großen flachen Kieseln belegt, die aber so groß sein müssen, daß sie der Frosch mit seinen gewaltigen Hinterbeinen nicht herumwirft. Entweder sitzt der Frosch unbeweglich am Boden oder er schwebt gleichsam frei im Wasser, wobei meist die Zehen der Hinterbeine den Boden berühren. Sie machen ihren Körper gleich schwer wie das Wasser, indem sie Luft in ihren Leib hineinpumpen, bis sie im Wasser schweben können wie ein Ballon in der Luft. Bringst du einen Regenwurm ins Wasser, dann gibt's Leben. Durch den Geruch des Wurmes gereizt, schießen die Frösche aufgeregt umher und suchen mit ihren Augen das Futter. Hat einer zufällig den Wurm erwischt, stopft er ihn rasch mit den Händen (lies Vorderfüßen) und Augen (die zu diesem Zwecke in den Kopf hineingezogen werden) in den Hals hinab. Klebt aber noch Erde am Wurm, stößt er ihn rasch wieder aus dem Maul und putzt ihn mit den Händchen, um ihn dann sofort wieder einzuschlingen. Oft zieht an jedem Wurmende ein Frosch, und ein lustiges Seilziehen hebt an, das für den Wurm allerdings eher tragisch verläuft. Krallenfrösche und gleichgroße Fische oder Axolotl lassen sich gut im selben Becken halten.

Seilziehen mit dem Regenwurm

Zucht von Krallenfröschen

Da Krallenfroschweibchen für medizinische Tests (übrigens völlig schmerzlos) gebraucht werden, machte die CIBA in Basel entsprechende Zuchtversuche. Diese gelangen nur dann, wenn man den Tieren gewisse Hormone einspritzte. Auch heute ist die Zucht im Aquarium noch sehr schwierig. Als Laichplätze dienen verästelte ins Wasser gestellte Zweige. Das Wasser muß etwa 25 Grad warm sein. Hat das Weibchen (kenntlich an zwei vorstehenden Hautlappen beidseitig der Kloake, die dem Männchen fehlen) seine Eier an den Zweig geklebt, müssen die Alttiere aus dem Zuchtbecken herausgenommen werden, da sie sonst die Eier auffressen würden. Die Larven (Kaulquappen) sind seltsame, fast durchsichtige fischähnliche Wesen, die meist auf dem Kopf im Wasser stehend schweben. Sie leben von feinstem Plankton (im Wasser schwebende Kleinstlebewesen, vor allem Schwebalgen), und da solcher in den heute meist verschmutzten Teichen nicht mehr leicht zu bekommen ist, füttert man sie mit feinst zerriebenen getrockneten Brennesselblättern, getrockneten Teichlinsen, getrocknetem Salat. Man schwemmt das trockene Pflanzenpulver in Wasser auf und läßt es durch feinste Gaze (Müllergaze) oder einen Damenstrumpf ins Aquarium tropfen. Aber freut euch nicht zu früh auf Nachwuchs.

Einige Fische, die du im Warmwasseraquarium halten kannst

Eine Wissenschaft für ernsthafte Liebhaber

Die Tropen haben auch dem Fischfreund ungezählte Arten der farbenprächtigsten Fische beschert. Leider aber sind die meisten keine so anspruchslosen Pfleglinge wie der Goldfisch. Eine eigentliche Wissenschaft wurde über dieses Gebiet der Tierpflege aufgebaut, die verlangt, daß man bei jedem Fisch genau Bescheid weiß über Wasserwärme, Luftbedürfnis, chemische Zusammensetzung des Wassers (pH-Wert = Säurewert), Wassertiefe, Lichtbedürfnis usw., ohne deren Kenntnis die erfreuliche und erfolgreiche (das heißt Zuchterfolg liefernde) Haltung dieser Tiere unmöglich ist. Wir wollen uns darum gar nicht erst mit diesen zudem sehr teuren Fischarten aufhalten und uns denen zuwenden, die verhältnismäßig leicht zu halten und mit wenig Geld zu beschaffen sind. Wer sich später doch noch der Haltung der selteneren Arten widmen will, wird sich ohnehin das nötige Wissen aneignen. Für die hier beschriebenen Fische benötigst du ein mittleres Aquarium mit guter Bepflanzung. Hüte dich aber vor Übervölkerung des Behälters, und denke daran, daß du für jeden Fisch von der Größe eines Bitterlings drei Liter Wasser und für einen Guppy etwa einen Liter Wasser rechnen sollst, damit er sich wohlfühlen kann.

Guppy

Der *Guppy* oder das *Millionenfischchen* (s. Abb. 24) ist der billigste und einer der hübschesten Aquarienfische und zudem kinderleicht zu züchten. In vielen tropischen Gegenden hält man ihn in den Wasserreservoiren, um diese von Schnakenlarven rein zu halten. Kaufe dir ein Pärchen Guppy und bring sie in ein Aquarium, das viel Pflanzen enthält und an dessen Wasseroberfläche eine Decke von Riccialebermoos oder Teichlinsen schwimmt, worin sich die bald kommenden Jungen vor der Raubgier ihrer Eltern verstecken können. Eine ganze Menge fixfertiger Fischchen bringt das Weibchen zur Welt, die wir mit dem gewöhnlichen Trockenfutter, das wir zwischen den Fingern fein zerreiben, aufziehen können. Wir hacken auch einige Tubifexwürmer, einen kleinen Regenwurm oder eine Wasserschnecke (ohne Schale) mit einer Rasierklinge zu feinstem Brei und zerreiben diesen dann im Wasser. Das Wasser braucht im Sommer keinerlei Heizung, im Winter sollte die Wasserwärme aber nicht unter 16 °C sinken. Das farbenprächtige Männchen ist oft nur ein Drittel so groß wie das silbrige Weibchen.

Fische im Wasserreservoir

Die Minimaltemperatur

Schwertfische

Ebenso leicht zu halten und zu züchten sind die bedeutend größeren, in verschiedenen Farben gezüchteten *Schwertträger oder Schwertfische* (s. Abb. 23), deren Namen von der langen Schwanzverlängerung des Männchens herkommt. Sie sind lebendgebärend, sehr dekorativ und ebenso zu füttern wie die Guppys. Wir kennen grüne, rote, weißlichgelbe und schwarzrote (Berliner) Formen und viele Zwischenfarben. Bei diesen Fischen zeigt sich im Aquarium oft ein auffälliges Naturwunder. Ein schönes Weibchen bekommt plötzlich an seinem Schwanz ein Schwert und wird zu einem richtigen Männchen mit allen seinen Funktionen. Diese sogenannte Geschlechtsumwandlung beruht auf der Einwirkung eines von den Tieren ausgeschiedenen Hormons (Wirkstoff), das sich im Wasser anreichert.

Weibchen werden zu Männchen

Blatty

Der Dritte im Bunde dieser leicht haltbaren Fische ist der *Blatty* (s. Abb. 21), den es in ebenso vielen Farben gibt wie den Schwertfisch und der sich sogar mit diesem kreuzen läßt. Man pflegt ihn genau gleich wie die beiden vorhergehend beschriebenen.

Makropode

Ein sehr schöner tropischer Fisch ist auch der Großflosser oder *Makropode*. Er gehört zu den Labyrinthfischen, die ihren Namen von einem für den Fischpfleger sehr praktischen Organ, eben dem Labyrinth, haben. Dies befähigt die Fische, auch außerhalb des Wassers Luft aufzunehmen, und man kann darum diese Fische in sehr kleinen Behältern halten, auch wenn wenig Pflanzen und keine Durchlüftung vorhanden sind. Der Fisch schnappt einfach die nötige Luft an der Wasseroberfläche. Mit seinen prachtvoll gefärbten, riesigen flaggenartigen Flossen ist der Makropode eine Zierde des Aquariums. Er ist auch leicht zu züchten. Seine Eier legt er in ein selbstgebautes Schaumnest ab. Mit dem Maul bildet das Männchen kleine, in eine schleimige Haut gehüllte Luftblasen und heftet diese zu einem oft zehn Zentimeter breiten Bau, der über einen Zentimeter hoch übers Wasser ragen kann. Darein legt das Weibchen dann die Eier ab. Herausgefallene Eier holt das Männchen mit dem Maul und spuckt sie wieder hinein. Nach der Eiablage läßt man das Weibchen noch ein bis zwei Tage im Behälter, fängt es dann aber samt dem Männchen heraus, damit beide nicht die nun schlüpfenden Jungen verzehren.

Ein luftschnappender Fisch

Das Schaumnest

Zebrafischchen

Eines der hübschesten und bekanntesten kleinen Aquarienfischchen ist das *Zebrafischchen* oder *Danio rerio*. Schwarmweise gehalten belebt es durch seine prachtvolle Längsstreifung und sein munteres Wesen jedes Aquarium. Zusammen mit anderen gleichgroßen Fischen läßt es sich ohne weiteres halten. Nur die Zucht verlangt einige Vorkehrungen, da es sich durch Eier fortpflanzt und diese selber gerne auffrißt. Man muß daher Männchen und Weibchen vorübergehend in ein Ablegebecken setzen oder alle anderen Fische aus dem Aquarium entfernen und den Eltern das Laichfressen so verunmöglichen, indem man sie in einen kleinen Gitterkäfig setzt, durch dessen Gitterboden die Eier ins Aquarium sinken und so dem Zugriff der Laichräuber entzogen werden. Noch einfacher und doch auch zum Ziele führend ist es, den Boden des Aquariums mit etwa nußgroßen möglichst runden Bachkieseln zu belegen. Die Eier fallen dann zwischen die Steine und werden von den Fischen nicht gefunden. Hingegen ist das Auffüttern der Jungen, die ja winzig klein sind, nicht so einfach wie bei den lebendgebärenden Fischen. Man füttert die jungen Danios mit ausgedrücktem Blut von Tubifexwürmern und Mikro (S. 163, 168).

Wie man die Eier vor dem Gefressenwerden bewahrt

All die vielen anderen Aquarienfische auch noch aufzuzählen ist unmöglich und hätte auch keinen Zweck. Halte dich an die hier genannten Arten, pflege diese gut und mache dabei die so nötigen eigenen Erfahrungen. Wenn du dann älter bist, findest du ohnehin Mittel und Wege, die selteneren Fische zu beschaffen.

Was sollen wir den Fischen zu fressen geben?

Lasse dich nicht durch die Bequemlichkeit dazu verleiten, deine Fische nur mit den käuflichen Trockenfuttern natürlicher oder künstlicher Zusammensetzung zu ernähren. Es ist ja sehr einfach und viel bequemer, in den Laden zu gehen und dort das Futter fertig verpackt zu kaufen. Für die Fische gilt aber, was für alle anderen gefangen gehaltenen Tiere auch gilt: Gib ihnen eine möglichst natürliche Nahrung! Zumeist ernähren sich die Fische ja von allerlei im Wasser lebenden Tieren und zusätzlich auch noch von Algen und anderen Pflanzenstoffen. Im Aquarium können wir ihnen natürlich nicht die ganze Fülle der gewohnten Nahrung zur Verfügung stellen, aber wir verschaffen ihnen eine Auswahl.

Nur für bequeme Leute

Wasserflöhe

Ganz hervorragend eignen sich dazu die winzigen Krebstierchen unserer Gewässer, die Wasserflöhe. Mit einem Müllergazekescher oder einem Planktonnetz fischen wir sie heraus und transportieren sie entweder in einem Wasserkessel, auf einem Gazesieb ausgebreitet oder in ein feuchtes Tuch gewickelt nach Hause. Dort bringen wir sie zur Reinigung in frisches Wasser und sieben sie wieder heraus, bevor wir sie verfüttern. Selbstverständlich holen wir solches Lebendfutter nur auf fischfreien Gewässern, sonst tragen wir damit eventuell Fischkrankheiten ins Aquarium. Auch stark veralgte oder verunreinigte Gewässer meiden wir bei der Futtersuche, sonst schleppen wir Algen ins heimische Becken. Damit man aber ganz einwandfreie Wasserflöhe (Daphnien) bekommt, legt man sich, so man Platz und Zeit dazu hat, eine eigene Daphnienzucht an (S. 167).

Hüte dich vor Fischkrankheiten

Tubifexwürmer

Die roten *Tubifexwürmer* sind ein gutes Futter für die größeren Fische. Du kaufst sie am einfachsten im Zoogeschäft, kannst sie aber auch selber suchen, was aber Mühe und Zeit kostet. Du kannst die Würmer mehrere Tage lebendig halten, wenn sie frisch sind. Achte daher darauf, nur schön rote Würmer zu kaufen, die sich klumpenförmig zusammenballen und sich bei jeder Erschütterung zusammenziehen. Sind die Würmer nicht mehr schön rot, sondern weißlich und wenig lebhaft, kannst du sie nicht aufbewahren, sondern mußt sie verfüttern. Kauf aber in diesem Falle nicht viel davon ein, sie gehen dir zugrunde und verpesten das Wasser, wenn du zu viele davon ins Becken tust. Gesunde Tubifex stellst du im Marmeladenglas unter einen tropfenden Wasserhahn, wo sie sich zusammenballen und viele Tage halten.

Täglich holst du das benötigte Quantum mit einer Pinzette oder Gabel heraus. Da fließendes Wasser aber kalt ist, werden die Würmer stark abgekühlt. Bring daher die Tubifex, die du verfüttern willst, zuerst in ein wenig Wasser, das du dem Aquarium entnommen hast, um sie zu erwärmen; denn sonst erkälten sich die Fische, wenn sie die kalten Würmer fressen. Verfüttere auch niemals frisch gekaufte Tubifex, sondern wässere sie wenigstens einige Stunden vorher gut durch. Diese Würmer leben im Schlamm stark verunreinigter kleiner Gewässer, oft direkt in Mistjauche. Daher müssen wir sie zuerst durch Wässern reinigen, und erst wenn sie selber und ihre Därme sauber sind von allem Unrat, dann kann man sie gefahrlos verfüttern.

Auch Fische können sich erkälten

Du kannst dir aber auch selber Tubifex beschaffen, wenn du eine Fundstelle weißt. Am Boden schlammiger, kleiner Bäche siehst du manchmal einen rosaroten Rasen. Trittst du energisch an das Ufer heran, ist er auf einmal verschwunden. Es waren Tausende von Tubifexwürmern, die sich wegen der Erderschütterung in ihre Schlammröhren zurückgezogen haben. Mit einer Kelle (an einen Stock angebunden) schöpfst du nun diese roten Schlammstellen oberflächlich ab und gibst den ganzen Schlamm in einen Kessel. Es gibt nun verschiedene Methoden, um die Tubifex aus dem Schlamm herauszubekommen.

Ich beschreibe dir hier nur die einfachste, die sich für kleine Quantitäten eignet. Nimm einen grobmaschigen Damenstrumpf. Oberhalb des Fußes bindest du ihn ab und schneidest den Fuß des Strumpfes weg. Nun füllst du den Tubifexschlamm in diesen Siebbeutel und hängst ihn so über einer mit Wasser gefüllten Schüssel auf, daß gerade noch einige Zentimeter des Beutels ins Wasser eintauchen. Den Tubifexwürmern wird es langsam zu trocken, und sie wandern der Feuchtigkeit nach abwärts und zuletzt durch die Maschen des Strumpfes hindurch ins Wasserbecken. Du darfst aber nicht ungeduldig sein, denn dieses Manöver dauert ziemlich lange.

Wieder leistet dir ein Damenstrumpf gute Dienste

Regenwürmer

Auch *Regenwürmer,* fein zerhackt, sind ein gutes Fischfutter. Halte sie, bevor du sie verfütterst, zwei bis drei Tage in feuchtem Sand oder Torf, damit sie ihren Darm entleeren, der eventuell Fäulnisstoffe ins Aquarium bringt. Vermeide aber unbedingt die sogenannten Mistwürmer, sie sind meist weißlich oder gelb gefärbt und teilweise richtig giftig. Die schön fleischroten Laubwürmer hingegen sind ausgezeichnet. Da sie aber für die meisten Fische zu groß sind, ist es nötig, sie zu zerkleinern. Dazu dient uns eine Rasierklinge, die wir entweder in einem der käuflichen Klingenhalter verwenden oder durch Einstecken in einen der Länge nach halbdurchsägten Flaschenkorken mit einem Handgriff versehen. Mit diesem Instrument hackst du die Regenwürmer, die du durch Übergießen mit heißem Wasser getötet hast, zu einem ganz feinen Brei, den du wie Schabefleisch ins Aquarium gibst.

Hackfleisch für Fische

Enchyträen

Ganz ähnlich wie die Tubifexwürmer, eignen sich auch die in der Erde lebenden *Enchyträen,* kleine weiße Würmchen, ausgezeichnet als Fischfutter. Du wirfst sie entweder einfach

26 Sumpfschildkröte (Pseudemys scripta elegans)
27 Europäische Sumpfschildkröte (Emys orbicularis)
28 Sumpfschildkröte (Pseudemys scripta scripta)
29 Zwergmaus (Mus minutus)
30 Bücherskorpion (Chelifer cimicoides)
31 Skorpion (Euscorpius), Weibchen mit Jungen auf dem Rücken

26

27

28

30

31

Die Tubifexwürmchen geraten vom Regen in die Traufe

ins Wasser wie die Tubifex oder bringst sie in ein Tubifexsieb, das an der Oberfläche des Aquariums schwimmt und die Würmchen eins nach dem anderen durch die Löcher seines Siebbodens durchkriechen läßt. Die Fische warten untendran und schnappen sie weg.

Frisches Fleisch

Schabe gelegentlich mit einem scharfen, senkrecht gehaltenen Messer von *frischem Fleisch,* ohne zu drücken, feinste Teilchen los und zerreibe diese im Aquarienwasser. Hüte dich aber vor einem Zuviel, es würde das Wasser verderben.

Mehlwürmer

Sie eignen sich weniger als Fischfutter. Zur Not kannst du aber das Innere ausgedrückter Mehlwürmer verfüttern. Frischgehäutete (noch weiße) Mehlwürmer und Puppen lassen sich, fein gehackt, wie Regenwürmer verfüttern. Die Mehlkäfer kannst du durch Überbrühen töten, an der Sonne trocknen und dann durch ein Drahtsieb zu einem guten Trockenfutter zerreiben.

Wasserschnecken

Auch *Wasserschnecken* sind nach dem Entfernen der Schale, feingehackt, ebenfalls ein sehr gutes Futter.

Trockenfutter

Als Ersatz für diese natürlichen Futterarten dient uns eine ganze Reihe käuflicher und selber fabrizierter, natürlicher und künstlicher Trockenfutter, die wir als Pulver ins Aquarium geben. Als Zugabe zum natürlichen Frischfutter sind sie meist ganz ausgezeichnet. Man kaufe aber nicht wahllos irgendein angepriesenes Futter, sondern lasse sich jeweils vorher durch einen Fachmann beraten. Am besten hat sich von all diesen Futterarten das aus getrockneten Wasserflöhen (Daphnien) bestehende bewährt.

Trockenfutter aus Wasserflöhen

Brot darf nicht gefüttert werden.

Nie Brot füttern

Junge Fische müssen ein besonderes Futter haben

Nur für die schon bei der Geburt ziemlich großen Jungen der lebendgebärenden Arten, der Guppys, Schwertfische und Blattis, kannst du dasselbe Futter verwenden, wenn du es ganz fein aussiebst. Besonders vorsichtig sei mit dem Verfüttern lebender Wasserflöhe. Siebe auch diese durch ein Gazenetzchen aus und gib nur die kleinen Daphnienlarven ins

32 *Sonnentau (Drosera rotundifolia)*

Junge Fische sind schwer zu füttern

Becken der Jungfische, sonst ersticken viele an zu großen Bissen. Auch wenn du gehacktes Fleisch, Tubifex, Enchyträen oder Regenwürmer gibst, zerreibe diese noch durch ein Stückchen Canevasgitter oder einfach durch ein Drahtsieb, in das du das Futter gibst, indem du es dann mit einem Finger direkt auf der Wasseroberfläche durch das Gitter reibst. Wolltest du aber auch die Jungen der eierlegenden Zierfische so ernähren, hättest du bald kein Stück mehr. Diese sind ja so winzig klein, daß man sie oft kaum sieht; sie brauchen demnach auch entsprechend feines Futter. Die ersten zwei bis drei Tage lebt das aus dem Ei geschlüpfte Fischchen von dem Dotterrest, den es in seinem Leibesinnern aus dem Ei mitgenommen hat. Dann frißt es weitere acht bis vierzehn Tage winzige Mikroorganismen, die im Wasser schweben. Jedes einige Zeit ohne Fische stehengelassene Aquarium enthält in seinem Wasser diese Lebewesen zu Millionen. Steht dir kein solches Becken zur Verfügung, mußt du halt etwas nachhelfen. Du zerreibst einige Tubifexwürmchen mit einem runden Kieselstein auf einer Glasscheibe so fein, daß nur noch Flüssigkeit vorhanden zu sein scheint. Lege dieses Zerreibsel in ein sauberes Tuchrestchen (altes Taschentuch) und presse es wie eine Zitrone ins Aquarium aus. So kommt nur das Blut der Tubifexwürmer durch das Tuch, und dies kann dann von den Jungfischchen aufgenommen werden. Nach einigen Tagen vertragen die Fischchen dann kräftigere Nahrung, und wir geben ihnen sogenannte Infusorien (Aufgußtierchen). Wenige Tage vor dem Ablaichen der Fische hat man in einer flachen Schale eine kleine Handvoll Heublumen oder zerriebene getrocknete Salatblätter in Wasser angerührt und stehengelassen. An der Wärme bildet sich darin ein übelriechendes Wasser (wie das Wasser in den Blumenvasen, wenn man die Blumen zu lange darin läßt). An der Oberfläche dieses Wassers entsteht dann eine Art Haut, die aus lauter solchen winzigen Infusorien zusammengesetzt ist. Schau dir nur einmal eine Probe davon unterm Mikroskop an! Davon schöpfst du mit möglichst wenig Wasser täglich eine Messerspitze voll ab und gibst es in das Aquarium zu den Jungfischen. Sobald die Fischchen so groß sind wie neugeborene Guppys oder Schwertfischchen, kannst du sie zusätzlich mit zerriebenem Trockenfutter versehen. Du verreibst das Trockenfutter so fein wie möglich und siebst es mehrmals ab. Zuletzt steckst du eine Messerspitze, die du vorher angehaucht hast, in das Pulver. Ganz wenig Staub bleibt am Messer hängen, und diesen Staub klopfst du nun ins Aquarium ab. Du kannst dir auch ein kleines Streudöschen machen, indem du über den ausge-

Zucht von Infusorien

schnittenen Deckel einer Pillenschachtel ein Stückchen Müllergaze spannst und festklebst. Du kannst dann das Futter aus dieser Schachtel einfach aufs Wasser pudern. Manche zerreiben auch etwas Eigelb und geben es ins Wasser. Du siehst, der Wege sind viele, die zum Ziele führen. Merk dir aber, daß niemals Futter zu Boden sinken darf. Du sollst nur so viel davon ins Wasser tun, wie sofort gefressen wird. Füttere lieber zwei- bis dreimal am Tag nur ganz wenig, als einmal zuviel! Bald wirst du auch das beliebte und praktische Lebendfutter, das unter dem Namen Mikro bekannt geworden ist, geben können, sofern du dir vorsorglich eine Zucht angelegt hast (S. 168).

Niemals darf Futter zu Boden sinken

Dreimal wenig ist besser als einmal viel

Deine Fische scheinen krank zu sein, was nun?

Es ist selbst für einen erfahrenen Fischpfleger oft schwer, die einzelnen Fischkrankheiten zu erkennen und zu behandeln. Meistens handelt es sich ja um Schmarotzer (Parasiten), entweder um Würmer, Insekten oder Pilze. Zeigen die Fische viele kleine weiße Tupfen, handelt es sich meist um eine der bekanntesten Fischkrankheiten, die ein Parasit (Ichthyophthirius) erzeugt. Man erwärmt nun unverzüglich das Aquarium bis auf etwa 35 °C und läßt es so bei guter Durchlüftung zwei bis drei Tage geheizt. Viele Fische werden eingehen, diejenigen aber, die es überstehen, werden vom Parasiten geheilt sein. Es gibt im Aquariumladen aber auch allerlei chemische Mittel gegen den Parasiten. Laßt euch aber genau beraten, bevor ihr sie anwendet, sonst gehen entweder die Fische oder die Pflanzen oder beides zugrunde. Um diese Krankheiten zu verhüten, vermeide man unbedingt, einen neu erworbenen Fisch zu andern ins Aquarium zu setzen, bevor man ihn nicht wenigstens acht Tage allein gehalten hat. Man hüte sich auch, einen neuerworbenen Fisch etwa in zu kaltem Wasser zu halten. Man bringe ihn im Gegenteil, wenn immer möglich, in 25 Grad warmes Wasser, und wenn er bisher in einem künstlich durchlüfteten Becken lebte, so darfst du ihn nun nicht einfach in ein undurchlüftetes Aquarium tun, sondern mußt ihn wieder in ein künstlich durchlüftetes geben, bei dem du dann die Durchlüftung jeden Tag immer eine Stunde weniger lang laufen läßt, bis sich der Fisch ans völlige Ausbleiben der Durchlüftung gewöhnt hat. Die meisten Fische tragen Krankheitskeime an und in sich. Solange sie aber nicht geschwächt werden, sei es durch Luftmangel im undurchlüfteten Becken oder durch zu kaltes Wasser, verhindert die natürliche Widerstandskraft

Eine notwendige Roßkur

Operation gelungen Patient gestorben

Ein neuer Fisch kommt zuerst in eine «Beobachtungsstation»

Fische muß man allmählich an neue Verhältnisse gewöhnen

des Fisches ein Auswachsen der Krankheitskeime. Achte auch gut darauf, daß sich der Fisch beim Transport vom Händler zu dir nicht erkältet. Darum ist es wichtig, daß der Transport sachgemäß verläuft.

So transportiert man Aquarienfische

Ist der Weg nicht weit, und dazu grade Sommer, so genügt ein einfaches Literglas für einige wenige Fische. Auch wenn das Wetter warm und keine Abkühlung zu fürchten ist, umhüllen wir das Glas mit einem Papier, damit die Fische sich geborgen fühlen und nicht durch die Umgebung aufgescheucht werden. Bei kaltem Wetter müssen wir natürlich das Transportgefäß völlig in mehrfache Lagen Zeitungspapier einhüllen, die wir dann mit einer Schnur oder einem Gummiband festbinden. Auch über die durch ein Stück Stoff abgeschlossene Öffnung des Gefäßes legen wir noch eine Kartonscheibe oder Papier. Falls du öfter in die Lage kommst, Fische zu transportieren, nimm eine große Blechdose, die du innen und außen gut mit Ölfarbe angestrichen hast, damit sie nicht rostet. Transportgefäße, besonders solche aus Blech, spült man jedesmal nach Gebrauch gut aus und trocknet sie gehörig.

Nicht zu viele Fische im gleichen Gefäß transportieren

Man hüte sich aber, zu viele Fische zusammen im Transportgefäß zu halten, da sehr bald Luftmangel eintritt, auch wenn durch das ständige Schütteln das Wasser immer wieder etwas Luft aufnehmen kann. Es ist darum zweckmäßig, zugleich mit den Fischen auch immer einige Pflanzenschosse (Wasserpest usw.) ins Wasser zu legen. Für Bahntransporte braucht man die weitbauchigen flachen Fischkannen, welche die Fischhändler benützen. Bahntransporte laß immer «Expreß» und als «Sperrgut» laufen, und dem Empfänger melde immer vorher die genaue Ankunftszeit der Fische an, damit er sie sofort holen kann.
Heute dienen feste Plastiksäcke demselben Zweck! Sie sind leicht und unzerbrechlich!

Du willst einige Fische herausfangen

Manchmal ist es notwendig, Fische herauszufangen, seien es trächtige Weibchen, die an einem sicheren Ort ihre Jungen oder Eier ablegen sollen, oder kranke Fische, die entfernt werden müssen. Wir können das mit einem kleinen Netzchen oder einer Glasfangglocke tun, die ähnlich wie ein

Saugheber funktioniert. Das Netz stellst du dir selber her. Man kann es aber auch kaufen. Aus genügend starkem Draht biegst du dir ein Dreieck zurecht und nähst ein Gazesäckchen darum; den Stiel drehst du einfach aus den zwei Drahtenden zusammen.

Bei der Jagd reißt man leicht Pflanzen aus

Bei gut bepflanzten Aquarien ist es aber auch damit nicht einfach, den Fisch herauszuholen, da du leicht zuviel Pflanzen ausreißt. Entweder probierst du dein Glück, nachdem du gefüttert hast und die Fische zum Fressen nach oben kommen, oder du machst nachts plötzlich Licht und überraschst die Fische sozusagen im Schlaf. Bequemer ist die Glasfangglocke, weil diese vom Fisch ihrer Durchsichtigkeit wegen nicht gesehen wird. Sie besteht aus einem langen Glasrohr, das unten rechtwinklig zu einer glockenförmigen Erweiterung wie eine Tabakpfeife abgebogen ist. Mit dem Daumen der rechten Hand schließt man die obere Öffnung des Rohres und führt die Glocke sehr behutsam ins Aquarium ein und so in die Nähe des Fisches, daß dieser vor die Öffnung der Glocke kommt. Man kann den Fisch auch mit einem Stäbchen zur Glocke hinscheuchen. Ist er vor ihr angelangt, läßt man die Öffnung frei, und sofort wird das Wasser in die Glocke eingesogen und mit ihm der Fisch. Nun muß man nur rasch die Glocke so hochkippen, daß ihr Rand nach oben zu liegen kommt (wie bei der Tabakpfeife im Gebrauch) und der Fisch ist in dem winzigen Glockenaquarium gefangen.

Niemals einen Fisch von Hand fangen wollen

Niemals versuche man einen Fisch von Hand oder gar mit einer Pinzette oder etwas ähnlichem herauszunehmen. Auch wenn dir ein Fisch zu Boden fällt, faß ihn nicht an, sondern schiebe ein Blatt unter ihn und heb ihn so hoch. Deine Finger würden ihn nur verletzen und sein Leben gefährden.

Viele Wundertiere des Meeres kannst du auch zu Hause halten

Es braucht zur Pflege von Meerestieren natürlich ganz andere Vorbereitungen als für ein Süßwasseraquarium. Sie wird auch etwas mehr kosten. Teuer ist vor allem die Einrichtung des Aquariums und die Beschaffung des unentbehrlichen Meerwassers. Ich will hier kurz die wichtigsten Regeln für den Anfänger angeben, ohne die er eben gar nicht mit

Regeln für den Anfänger

Meerestierpflege anfangen kann. Das Aquarium muß so beschaffen sein, daß nirgends das darin eingefüllte Meerwasser mit irgendeinem seiner Metallteile oder mit Kitt in Berührung kommen kann. Die Herstellung solcher Rahmen-Meerwasseraquarien ist aber sehr teuer und darum kommt für dich wohl nur das Vollglasbecken in Frage. Darin, auch in einem ganz kleinen, lassen sich besonders die farbigen Aktinien sehr gut halten, ebenso Einsiedlerkrebse und Seegurken. Aber, und das ist unumgänglich notwendig, das Becken muß eine Durchlüftungseinrichtung haben, die ständig frische Luft durch das Wasser bläst. Diese Durchlüftung läßt du dir am besten durch einen Fachmann einbauen. Du kannst sie aber auch selber montieren. Sie besteht aus einer kleinen, elektrisch betriebenen Luftpumpe, von der ein Plastikschlauch zu einem Rohr führt, das bis auf den Grund des Aquariums hinabreicht und dort in einen sogenannten Ausströmer mündet, der die Luft zu feinen Bläschen verteilt ausströmen läßt. Das Luftrohr darf aber ebenfalls nicht aus Metall, sondern muß aus Plastik sein. Diese Röhrchen bekommt man beim Aquarienhändler, und du kannst sie in jede Form biegen, wenn du sie zuerst mit feinem Sand füllst, an beiden Enden mit etwas Watte zupfropfst und sie dann einige Zeit in warmes Wasser tauchst. Sie werden dann weich und lassen sich schön formen. Nachher schüttest du den Sand wieder heraus.

Aquarien mit Meerwasser brauchen unbedingt eine Durchlüftungsanlage

Nun ist aber noch eine weitere wichtige Frage zu lösen, bevor du dir ein Meerwasseraquarium anlegst. Die Meerestiere aus der Adria fühlen sich nur bei einer Wassertemperatur von höchstens 12 °C wohl. Wird das Wasser wärmer, ziehen sie sich zusammen und gehen schließlich ein. Nordseetiere ertragen nicht einmal so viel Wärme. Du mußt also das Becken am kühlsten Ort in eurer Wohnung aufstellen, und das ist meistens kein Wohnraum; darum wird dich das Meerbecken weniger freuen. Trotzdem will ich dir hier das Rezept für die Herstellung des nötigen künstlichen Meerwassers geben. Lasse dir die Lösung von einem Drogisten herrichten, damit du dabei keine Fehler machst. Halte auch stets einen Vorrat von solchem Wasser bereit, damit du Ersatz hast, wenn das gerade benützte irgendwie schlecht geworden oder ausgeflossen ist und du die Tiere umsetzen mußt.

Meertiere vertragen keine hohen Temperaturen

Künstliches Meerwasser (nach Schmalz)

Ein wenig Chemie

In 95 l Wasser von etwa 15 °C lösen wir
2815 g Chlornatrium (Kochsalz) $NaCl$
67 g Chlorkalium KCl
551 g Chlormagnesium $MgCl_2 + 6\,H_2O$
692 g Magnesiumsulfat $2\,MgSO_4 + 7\,H_2O$

Wenn diese vier Salze aufgelöst sind, fügt man noch 145 g Chlorcalcium $CaCl_2 + 2\,H_2O$ dazu. Dieses Wasser läßt man dann erst einige Wochen ohne Tiere, aber mit Durchlüftung, stehen und setzt erst dann die Meerestiere ein. Hat man die Möglichkeit, setzt man dem Wasser aus einem anderen Meeresaquarium einige Meeresalgen bei. Die Aktinien fütterst du mit Fischfleisch, Muschel- oder Schneckenfleisch, das du durch ein Glasrohr direkt auf die Aktinie hinabgleiten läßt. Jede Woche einmal.

Freilandaquarien und Gartenteiche

Glasaquarien im Garten aufgestellt veralgen sofort hoffnungslos

Laß dir vor allen Dingen abraten, im Freien richtige Glasaquarien aufzustellen. Du würdest dich nur ärgern, weil sie in wenigen Tagen so stark veralgen, daß du nichts mehr sehen wirst als eine grünbraune Brühe. Hingegen kannst du alte, gesprungene, aber doch noch wasserdichte Glasaquarien im Garten in die Erde eingraben und sie so als Zuchtbecken für allerlei Kalt- und Warmwasserfische verwenden. Du kannst sie mit denselben Pflanzen besetzen wie die Zimmeraquarien, brauchst dir aber keine so große Mühe mit dem Arrangieren zu geben, weil man davon ja doch nichts sieht. Damit sie aber doch dem Auge noch etwas bieten, empfehle ich, einige schöne Überwasserpflanzen hinein zu setzen wie etwa *Sagittarien* oder *Froschlöffel.*

Der Gartenteich soll keinen Kachelboden haben wie ein Römerbad

Gartenteiche sind der Wunsch jedes Aquarienfreundes. Natürlich keine langweiligen, kitschigen Teiche mit glasiertem Kachelboden, womöglich noch blaugefärbt und mit einem Springbrunnenzwerg, sondern ein wirklicher, möglichst natürlich wirkender Teich, der den darin gehaltenen Fischen und anderen Tieren nicht nur Sonne, sondern auch Verstecke im schönen Pflanzenwuchs bieten kann. Der Gartenweiher komme also immer an den sonnigsten, wärmsten Ort, aber doch möglichst in die Nähe der Wasserzuleitung. Natürlich kann man auch mit dem Schlauch das Wasser zuführen. Als Baumaterial dienen uns Zement oder Dachpappe. Billiger kommt es natürlich mit Dachpappe, und darum wollen wir uns zuerst damit befassen.

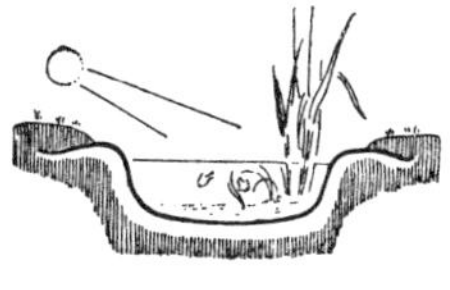

Der Dachpappenweiher

Bauanleitung

Zuerst heben wir eine Grube in Form und Ausdehnung des zu schaffenden Teiches im Garten aus. Die Ufer dürfen aber nicht steil, sondern müssen flach verlaufend angelegt werden. Die ausgehobene Grube klatschen wir mit der Schaufel oder mit einem Brettchen (mit Handgriff) tadellos glatt und fest. Steht uns Lehm zur Verfügung, kleiden wir die Grube mit einem fünf bis zehn Zentimeter dicken Lehmmantel aus und klatschen diesen fest. Die Dachpappenstreifen legen wir nun möglichst eben so in die Grube, daß sie von einem Ufer bis zum anderen reichen und beidseitig noch zwanzig bis dreißig Zentimeter weit über den Grubenrand hinauslangen. Seitlich müssen sich die Streifen dachziegelartig etwa zehn Zentimeter weit überdecken.

Nachdem wir die Dachpappe einmal provisorisch ausgelegt haben, um zu sehen, wie es paßt, verlegen wir sie nun endgültig. Dazu haben wir in einem Kessel über einem offenen Feuer im Garten Teer erhitzt (Vorsicht, überkochender Teer fängt Feuer!). Mit einem alten Pinsel bestreichen wir jeden verlegten Dachpappenstreifen mit Teer, indem wir folgendermaßen vorgehen: Zuerst legen wir einen Längsstreifen von einem Ende des Teiches zum anderen; dann übers Kreuz dazu einen Querstreifen, ebenfalls durch die Mitte des Teiches. Jetzt reihen wir einen Streifen nach dem anderen von der Mitte aus zuerst nach einer, dann nach der anderen Seite. Wir bestreichen sie immer gut mit Teer und verkleben sie gut auf ihren Berührungsflächen, damit nirgends eine Lücke bleibt. Nachher bepinseln wir alle Streifen noch einmal gehörig in allen Richtungen mit flüssigem Teer, so daß allfällige Fugen noch verklebt werden. Zuletzt streuen wir feinen gesiebten, staubtrockenen Sand darüber und lassen dies einen halben oder ganzen Tag (Nacht) trocknen.

Dann bringen wir die Erde für die Pflanzen hinein, setzen sie und bedecken sie wie im Aquarium mit Sand oder feinem Kies und füllen dann langsam mit Wasser auf. Erst wenn das Wasser bis an den Teichrand steht, verstecken wir die noch über den Rand hinausragenden Dachpappenränder mit Erde oder Steinen und bepflanzen nun auch den Teichrand. Dort, wo wir uns jeweils am Teich aufhalten wollen, legen wir einige Steinplatten in den Boden ein. Fische setzen wir erst nach zwei bis drei Wochen ein, wenn wir sicher sind, daß keine giftigen Bestandteile des Teers mehr im Wasser sind, und nachdem wir das Wasser wenigstens einmal gewechselt haben.

Fische nicht zu früh einsetzen

Auch mit Hilfe einer großen Plastikhaut, wie sie im Baugewerbe zum Abdecken dient, kann man einen solchen Gartenteich bauen.

Spülsteinweiher

Irgendwo, bei einem Installateur oder auf einem Schuttablageplatz suchst du dir einen ausgedienten, möglichst tiefen Spülstein zu beschaffen. Das Abflußloch schließt du mit einem dicken Holzzapfen. Dann hebst du im Garten an einer sonnigen Stelle eine Grube aus, in die der Spülstein genau hineinpaßt. Dort, wo der Abflußzapfen hinkommt, vertiefst du das Loch noch um etwa dreißig bis vierzig Zentimeter und läßt es offen. Nun setzt du den Spülstein so ein, daß sein Rand mit der Erdoberfläche eben liegt. Du kannst ihn nun mit dünnen Steinplatten maskieren, oder was noch schöner ist, du setzt einige niedrige Polsterpflänzchen rund herum, die bald alles Unschöne zuwuchern. Genau wie bei einem Aquarium legst du dir die Bepflanzung dieses kleinen Teiches an, und du kannst über den ganzen Sommer hinweg sogar Warmwasserfische wie Guppy und Schwertfische darin züchten. Zudem können Vögel dort baden und trinken. Im November läßt du das Wasser ab, nachdem du alles Lebendige herausgefischt hast, und füllst den ganzen Teich mit Laub hoch an. So überwintert er, ohne wegen Frost zu springen.

Im Winter zum Schutz gegen Frost mit Laub ausfüllen

Gartenweiher aus Zement

Die Anlage eines betonierten Gartenteiches überläßt du besser einer erwachsenen Person. Immerhin ist die Aufgabe nicht so schwer, daß aufgeweckte Schulkinder ihr nicht auch gewachsen wären. Zuerst gräbt man die entsprechende Grube aus, deren Ränder gut geglättet und ausgeklopft werden. Aus altem Eisen, Drahtresten, Gitterresten, Eisenstangen verfertigen wir nun am Boden eine Art Rost, von dem einzelne Teile (Drähte, Stangen) seitlich an allen vier Wänden im Winkel der Teichwand nach oben gebogen werden. Nun bringen wir auf diesen Bodenrost eine zwanzig Zentimeter dicke Schicht Betonmischung, durch gutes Mischen von einem Teil Zement und zwei Teilen Kies und Wasser hergestellt, und stampfen diese so fest wie möglich. Während zwei bis drei Tagen schützen wir diesen Zementboden mit ständig feuchtgehaltenen Säcken vor zu schnellem Trocknen. Inzwischen haben wir uns die zur Verschalung der Seitenwände nötigen Bretter zugeschnitten und zusammengenagelt, so daß eine Kiste ohne Boden entstanden ist. Sie muß so groß sein, daß zwischen ihr und der Grubenwand fünfzehn bis zwanzig Zentimeter freier Raum bleibt. Diesen Raum füllen wir nun mit derselben Betonmischung auf und stampfen auch diese fortwährend sehr fest ein. Auch hier mauern wir allerlei Eisenreste mit ein, um die Bruchfestigkeit der Teichwände zu erhöhen. Die Holzverschalung, die wir auch mit nassen Säcken schützen, lassen wir noch vier bis fünf Tage stehen und lösen sie dann vorsichtig heraus. Nun ist die Rohzelle des Weihers fertig, aber noch nicht wasserdicht! Wir stellen uns eine Zementmischung mit feingesiebtem Sand im Verhältnis 1:1 her, die wir wiederum sehr gut mischen müssen. Mit einer Kelle tragen wir nun diese Mischung zuerst am Boden und dann an den Seitenwänden drei bis fünf Zentimeter dick fest auf, nachdem wir vorher die Betonzelle gut naß gemacht haben. Dann decken wir wiederum alles mit feuchten Säcken ab, die wir täglich ein- bis zweimal gleichmäßig mit Wasser bespritzen.

Wiederum nach einigen Tagen entfernen wir die Säcke und füllen den Weiher vorsichtig mit Wasser. Läuft er nicht aus, ist es gut, andernfalls müssen wir ihn noch abdichten. Dazu entleeren wir ihn und bepinseln ihn ausgiebig mit einer dickflüssigen Brühe von reinem Zement und Wasser. Du mußt gut pinseln und sicher sein, daß in jede Fuge und Ritze von dem Zementwasser eingedrungen ist. Zuletzt streust du noch ganz dünn trockenes Zementpulver auf die noch feuchten Wände und läßt das nun trocknen. Diese Arbeit tust du aber vorsichtigerweise erst am Abend, damit das Zementwasser über Nacht, wo es kühl ist und es nicht so rasch trocknet, langsam zu einem wasserdichten Verputz erhärten kann. Nun wird der Weiher sicher dicht bleiben.

Wie man den Weiher abdichtet

Ein Gartenweiher braucht aber auch eine gewisse Pflege!

Die Bepflanzung eines Weihers nimmt man nach denselben Grundsätzen wie die eines Aquariums vor, jedoch mit anderen Pflanzen. Die höchsten Pflanzen sollen am weitesten von der Sonne entfernt stehen (siehe Skizze) und die niedrigsten am wenigsten weit, während der Vordergrund des Teiches pflanzenfrei bleiben soll, damit sich das Wasser an der Sonne erwärmen kann. Damit der Weiher kein Brutplatz der Schnaken wird, mußt du unbedingt einige Fische darin halten, Elritzen, Bitterlinge (mit Muscheln zusammen), Stichlinge, Sonnenbarsche oder Goldfische. Lasse dich aber nicht verleiten, junge Flußfische zu fangen; erstens ist dies strafbar, und zweitens halten sie sich gar nicht gut im stehenden Wasser.

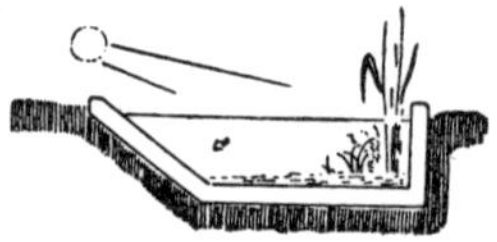

Flußfische halten sich nicht im Gartenteich

Einmal im Jahr, im November, entleert man den Weiher völlig, nimmt die Fische heraus und reinigt ihn gut von faulenden Pflanzenresten und hereingefallenem Herbstlaub. Dieser Unrat würde während des Winters das Wasser faulig machen. Die Fische kann man in gut mit Unterwasserpflanzen besetzten Teichen, die wenigstens einen Meter tief sind, über den Winter lassen. Weniger tiefe Teiche können bis unten zufrieren, wobei die Fische eingehen.

Ist der Weiher tief genug, kann man die Fische darin überwintern

Im Winter kann der Druck des gefrierenden Wassers die Seitenwände sprengen. Die elastischen Wände des Dachpappenweihers geben dem Druck nach, sind also ungefährdet. Beim Zementweiher aber ist die Bruchgefahr um so größer,

Trick, um den Eisdruck aufzuheben

je steiler die Seitenwände gebaut sind. Indem man die Überwasserpflanzen (Schilf, Binsen usw.) stehen läßt und erst im Frühjahr zurückschneidet und einige dicke Holzpfähle ins Wasser stellt, kann man dem Eisdruck etwas gegensteuern, so daß anstatt der Teichmauern die federnden Holz- und Pflanzenteile einen Teil des Eisdruckes auffangen.

Fische darf man im Winter nicht füttern

Läßt man die Fische über den Winter im Teich, darf man sie keinesfalls füttern. Die Verarbeitung des Futters benötigte im Winter einen zu großen Sauerstoffverbrauch, und die Tiere gingen daran zugrunde. Nicht gefressenes Futter sänke aber zu Boden und würde sich zersetzen und das Wasser verderben.

Damit die Fische auch während des Winters Luft holen können, schlägt man, sobald sich eine feste Eisschicht auf dem Weiher gebildet hat, ein kleines Loch hinein und schöpft so viel Wasser heraus, bis der Wasserspiegel nun acht bis zehn Zentimeter unter dem stehengebliebenen Eisdach liegt. Dann schließen wir die Öffnung im Eis mit Schnee oder einem Brett. Die nun zwischen Eis und Wasser stehende Luftschicht dient dem Gasaustausch von Tieren und Pflanzen

Das Vorfensterprinzip hilft auch den Teich vor Kälte schützen

und isoliert zugleich gegen weitere Abkühlung des Wassers wie ein Vorfenster. Wird es noch kälter, decken wir die Eisschicht locker mit Schnee oder mit einem alten Teppich oder Säcken. Das sieht nicht schön aus, ist aber zweckmäßig. Hat man die Möglichkeit, Fische und Pflanzen im Hause (Waschküche) zu überwintern, kann man auch den Weiher leer laufen lassen und mit Laub füllen.

Welche Tiere kann ich im Gartenteich halten?

Der idealste Gartenteichfisch ist sicher der Goldfisch in seinen zahlreichen Abarten (s. Abb. 25). Da wir im Teich die Fische nur immer von oben sehen, die Rückenfarbe der meisten aber mit der Farbe des Teichgrundes übereinstimmt, sind sie kaum sichtbar. Die Goldfische hingegen bilden durch ihren leuchtenden Kontrast ein hübsches lebendiges Bild. Goldfische sind auch leicht zu halten. Im gut bepflanzten Teich brauchen wir sie überhaupt nicht zu füttern, da sie genügend Mücken, Mückenlarven und auch pflanzliches Futter finden können.

Fische brauchen in gut bepflanzten Teichen überhaupt nicht gefüttert zu werden

Hübsch sind auch Sumpfschildkröten, sofern sie keine Fluchtmöglichkeit in die Nachbargärten haben und gut gefüttert werden (sonst fressen sie die Fische auf).

Auch Axolotl und Krallenfrösche sind leicht im Gartenteich zu halten, ja sie pflanzen sich da sogar fort. Hingegen müssen wir diese Tiere im Winter ins Haus nehmen.

Tiere im Aquaterrarium

Tropische Tiere brauchen eine Unterkunft mit Zentralheizung

Ein Mittelding zwischen Aquarium und Terrarium bildet das sogenannte Aquaterrarium, das, wie sein Name schon sagt, aus einem Land- und einem Wasserteil zusammengesetzt ist (lateinisch: aqua – Wasser, terra – Erde). Durch Unterteilung in einen trockenen und einen Wasser-Bereich kann man jedes Aquarium leicht zu einem Aquaterrarium umwandeln. Vorteilhaft ist dabei ein möglichst langgestrecktes Becken. Bevor wir es einrichten, müssen wir aber wissen, was wir darin pflegen wollen. Für tropische Tiere müssen wir eine Heizanlage anbringen, sei es durch Einbau einer guten abgeknickten U-Röhrenheizung ins Wasser und unter den Landteil, oder durch Montieren einer Heizplatte oder einer Heizlampe unter das ganze Aquaterrarium. Unterteilt wird etwa mit einer Glasscheibe, mit einem Brettchen oder einem Ziegel. Mir scheint aber die Abgrenzung des Landteiles mit Zement am bequemsten zu sein. Für ganz kleine Amphibien-Aquaterrarien genügt es zwar, mit Schiffskitt oder Gips einige Steine als Grenze zwischen dem Wasserteil und dem hier feuchten Landteil anzubringen. Für Wasserschlangen müssen wir aber den Landteil möglichst trocken halten und grenzen daher mit Zement und Steinen wasserdicht ab und streichen alle Fugen noch gut mit Ölfarbe oder Lack aus. Daß

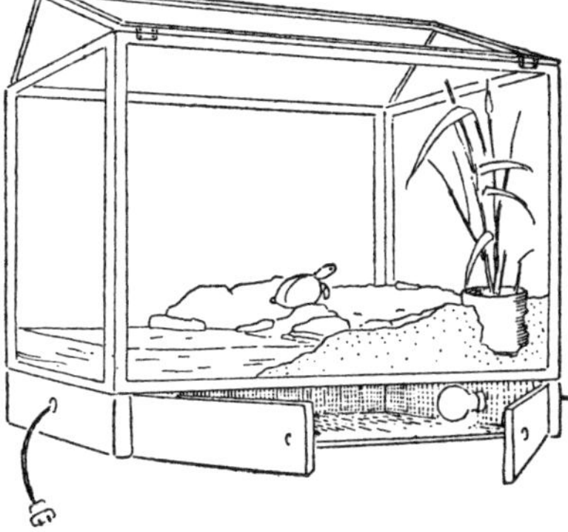

man zwischen jeder dieser Arbeiten so lange warten muß, bis alles jeweils gut ausgetrocknet ist, dürfte selbstverständlich sein. An der Rückwand des Wasserteiles grenzt man mit dünnen, senkrecht aufgestellten und festgemauerten Steinplatten einen schmalen Behälter ab, so daß sein Rand nur wenige Zentimeter über den Wasserspiegel ragt. Diesen füllen wir dann mit Erde und pflanzen Riedgras, Tradeskantien oder Batzenkraut hinein. Auf genügend großen Landteilen lassen sich natürlich auch kleine Blumentöpfe mit Sumpfpflanzen einmauern.

Bepflanzung

Was du im ungeheizten Aquaterrarium pflegen kannst

Vor allem Amphibien, wobei du besonders darauf achten mußt, daß auf dem Landteil keine Möglichkeit für die Tiere besteht, sich durch Einwühlen deinen Augen zu entziehen. Geringe Versteckmöglichkeiten aber sollen sie haben. Belege den Boden mit niedrigen zusammenhängenden Moospolstern und lege ein gewölbtes Stück Rinde als Unterschlupf hinein. Im Wasserteil laß jeden Bodengrund (auch Sand) weg, da dies die Reinigung sehr erschwert. Den Wasserteil kannst du, sofern das Becken keinen Ablauf hat, durch einen Saugheber entleeren oder auch mit einem groben Badeschwamm. Stelle die Futtertiere (Würmer, Mehlwürmer usw.) in einem Tellerchen in das Becken, damit sie sich nicht verkriechen können. Trotzdem werden einzelne ins Wasser fallen und ertrinken. Hole diese sofort heraus, damit das Wasser nicht schlecht wird. Du kannst ruhig verschiedene Amphibien zusammen in einem solchen Aquaterrarium halten, sofern es groß genug ist. Achte aber darauf, daß sie alle ungefähr von gleicher Größe sind, sonst frißt das größere Tier das kleinere auf.

Niemand liebt es, in einem «Schaufenster» zu wohnen

Verträgliche Hausgenossen

Nie aber halte Amphibien zusammen mit Eidechsen oder Schlangen, denn für die Reptilien muß der Landteil geheizt werden.

Sumpfschildkröten sind viel lebhafter als Landschildkröten

Unsere einheimische, schwarzgelb gemusterte oder die fremdländischen, bunten Sumpfschildkröten sind natürlich ganz besonders geeignet fürs Aquaterrarium (s. Abb. 26, 27, 28). Doch ist es auch hier nötig, wenigstens einige Stunden täglich den Behälter zu heizen, wenn du ihn nicht an einem sehr warmen Ort aufstellen kannst. 20–25 Grad Celsius sind eben richtig. Du wirst sehen, wie die sonst so hinfälligen kleinen Sumpfschildkröten, die ohne Heizung rasch dahinsterben, zu lebhaften, lustigen und gefräßigen Zimmergenossen werden. So oft wie möglich soll man sie der Sonne aussetzen, ohne Glas dazwischen, sonst wird ihr Panzer nicht hart.

Schlangen sind nicht jedermanns Freude

Sofern der Landteil heizbar ist (im Sommer auf sonniger Terrasse unnötig) kannst du Wassernattern, zusammen oder einzeln, im Aquaterrarium halten und so die schönen Schwimmkünste dieser wasserliebenden Schlangen bewundern. Wenn der Landteil nicht sehr groß ist, hat das Aquaterrarium den Nachteil, daß die Schlangen jedesmal ziemlich viel Nässe aus dem Wasser ans Land tragen, so daß bald keine trockene Stelle mehr im Behälter bleibt. Dies ist aber für Wasserschlangen ungesund, da auch sie unbedingt eine trockene Stelle im Behälter haben müssen. Darum müssen wir auch für die einheimischen Schlangen selbst im Sommer heizen. Ist der Einbau einer Bodenheizung unmöglich, bringen wir im Behälter einen Holzstrunk so an, daß die darauf ruhenden Schlangen direkt unter die auf das Deckgitter montierte Heizlampe zu liegen kommen. Eine zehn- bis zwanzigkerzige Kohlenfadenlampe (im Notfall auch eine gewöhnliche Glühbirne) schrauben wir in eine in einen alten Autoscheinwerfer eingebaute Lampenfassung. Den Scheinwerfer stellen wir dann wie eine Käseglocke oben aufs Drahtgitter. So hast du eine prächtige Sonne, die ihre wärmenden Strahlen direkt auf die Tiere einwirken läßt. Bei bedecktem oder sonst kühlem Wetter schalten wir diese Lampe wenigstens während einiger Stunden ein.

Auch Wasserschlangen brauchen Trockenheit

Junge Wassernattern sind sehr hübsch

Zur Aufzucht junger Wassernattern ist das kleine Aquaterrarium, sofern wir es heizen, gut geeignet. Als Futter setzen wir kleine Elritzen oder Guppys ins Wasser, die dann von den Schlangen gefangen werden. Bald werden auch tote kleine Fische ohne weiteres angenommen. Einen Nachteil hat die Fütterung mit toten Fischen: Die im Wasser herumschwimmenden Nattern kommen mit den toten Fischen in Berührung, riechen dann auch nach Fisch und – werden darum von ihren Artgenossen wie Fische aufgefressen. Da dies aber ein zu großer Brocken für den Verdauungsapparat der Natter ist, geht diese daran auch zugrunde.

Futter für junge Wassernattern

Säugetiere fürs Aquaterrarium sind selten

Trotzdem gibt es auch bei uns zwei kleine Säugetiere, die sich ausgezeichnet im Aquaterrarium halten lassen, leider aber sehr schwierig zu beschaffen sind. Falls du aber einmal das Glück haben solltest, in den Besitz einer Wasserspitzmaus oder gar einer Zwergmaus zu kommen, so mußt du wissen, daß die Wasserspitzmaus als Insektenfresser ein sehr teurer Kostgänger ist. Sie frißt ausschließlich kleine Tiere, Insekten oder kleine Fische, deren Beschaffung schwierig und kostspielig ist.

Ausgezeichnet hingegen läßt sich die zu den Nagetieren zählende Zwergmaus (s. Abb. 29) halten, da sie sich wie andere Mäuse ernährt. Sie ist allerdings recht selten. Wenn ihr eine Zwergmaus finden wollt, so sucht an Bachgräben, schilfigen Teichen oder in den Riedgrasbüscheln (Seggen) nach dem etwa faustgroßen runden oder eiförmigen Grasnest, das keinen Eingang hat, weil die Maus ihn jedesmal, wenn sie hinein- oder hinausgeht, zuflicht. Du kannst dann die Maus gleich mit dem Nest mit heimnehmen, wenn sie darin ist, oder aber du stellst über Nacht eine der altmodischen Käfigmausefallen oder eine hölzerne Kastenfalle auf,

Die Zwergmaus ist in Osteuropa häufig

33 Gottesanbeterin (Mantis religiosa)
34 Wanderheuschrecke (Locusta migratoria)
35 Stabheuschrecke (Bacillus rossii)
36 Hirschkäfer (Lucanus cervus), Männchen und Weibchen
37 Nashornkäfer (Oryctes nasicornis)
38 Ameisenlöwe (Myrmeleon Planipenna)
39 Zebraspringspinne (Salticus scenicus)
40 Vogelspinne (Orthognatha)
41 Gebänderte Radnetzspinne (Argiope brünnichii)

33

34

35

36

37

38

39

40

41

42

43

44

die du mit Weizen- oder Haferflocken köderst. Käse oder Speck ist wildlebenden Mäusen unbekannt, lockt sie deshalb auch nicht in die Falle.
Setze eine solche Maus samt dem Nest in dein Aquaterrarium, in das du vorher einige Riedgrasbüschel gepflanzt hast. Sie klettert auch gerne, darum sorge für einen dünnzweigigen Kletterast, an dem sie sich beim Klettern mit ihrem als Greiforgan dienenden Wickelschwanz festklammert. Als Futter gibst du ihr allerlei Sämereien. Sie schwimmt gerne unter und über dem Wasser, wobei ihr Pelz nicht naß wird, solange sie gesund ist. Ich konnte einmal mit einem Netz eine Zwergmaus aus einem Teich fangen, die gerade vor mir unter dem Wasserspiegel herumschwamm.

42 *Polistes-Wespen (Polistes gallicus)*
43 *Grille (Gryllus campestris)*
44 *Maulwurfsgrille (Gryllotalpa gryllotalpa)*

Tiere im Terrarium

Im Terrarium sollen die Tiere möglichst naturgemäß leben können

Ein Terrarium nennen wir einen Tierkäfig, dessen Einrichtung einen kleinen Ausschnitt irgendeines Teiles der natürlichen Erdoberfläche darstellen will, auf dem die Tiere möglichst naturgemäß leben können. Obwohl die Tiere möglichst viel Lebensraum haben sollen, müssen wir uns bei der Anlage eines Terrariums, des Platzes und der hohen Materialkosten wegen, meist mit ziemlich engen Behältern begnügen. Um so mehr mußt du darum das Terrarium mustergültig einrichten und tadellos in Ordnung halten.

Die Größe des Terrariums richtet sich nach der Größe der Pensionäre

Die Größe des Terrariums muß sich natürlich immer nach den notwendigsten Raumbedürfnissen der darin unterzubringenden Tiere richten. Der immer in seinem Trichter sitzende Ameisenlöwe braucht kein so großes Terrarium wie die Wüstenspringmaus, die zwei Meter lange Sprünge macht. Und doch kann man auch die Springmaus in einem viel kleineren Käfig halten. *Bevor* du dir ein Terrarium baust, mußt du dir darüber klar sein, was für Tiere du halten willst.

Ein Terrarium soll auch ohne Einwohner hübsch aussehen

Dann aber richte dir den Behälter so ein, daß er auch ohne tierische Bewohner schön ist. Ein Wüstenterrarium mit eingepflanzten Kakteen ist auch ohne Echsen oder Schlangen hübsch, und ein Sumpfterrarium mit lebenden fleischfressenden Pflanzen, Sonnentau und Fettkraut kann uns stundenlang zum Beobachten reizen.

Fleischfressende Pflanzen benehmen sich fast wie Tiere

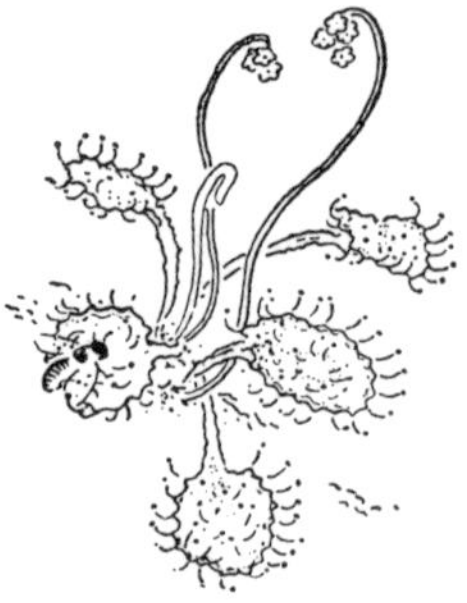

Sonnentau

Auf den Torfmooren in den Bergen, aber manchmal auch im Tiefland gibt es da und dort Bodenstellen, die auffällig rot gefärbt sind. Lauter kleine, rosettenartig angeordnete, kreisrunde oder zungenförmig längliche Blätter, die mit vielen glitzernden, auf Haaren sitzenden Tauperlen übersät sind, verursachen diese Rotfärbung des Bodens. Nimm eine solche Pflanze, sie heißt *Sonnentau* (s. Abb. 32), heim, sofern dies kein gesetzliches Verbot verhindert, aber pack sie sorgfältig in einen großen Ballen frisches Torfmoos. In einem Marmeladeglas oder einem kleinen Aquarium breitest du das Torfmoos schön am Boden aus und setzt das Pflänzchen hinein. Nun kommt aber schon die erste Schwierigkeit. Wenn du das Pflänzchen nun mit Wasser aus dem Leitungshahn gießt, stirbt es dir ab, da es nämlich kein kalkhaltiges Wasser verträgt. Sammle also Regenwasser, und wenn du keines auftreiben kannst, kaufe in der Drogerie einen Liter destilliertes Wasser. Den Behälter deckst du mit einer Glasscheibe, aber nicht völlig, damit doch etwas Luft zirkulieren kann. Und nun kannst du beobachten. Du stellst das Glas auf den hellsten Fensterplatz und setzt täglich einige kleine Fliegen oder Mücken hinein (siehe Drosophila-Essigfliegenzucht). Bald werden die Drosera-(Sonnentau)Blätter emsig sich dem Fliegenfang widmen, und da und dort werden Fliegen von den wie Finger nach ihnen greifenden Pflanzenhaaren festgehalten und ausgesogen. Ähnlich ernährt sich auch das schöne, auf dem Moorboden grüne Sterne bildende *Fettkraut,* das wir auch im selben Behälter pflegen können.

Terrarium für Insekten und Spinnen

Der Bücherskorpion

Das kleinste Terrarium, das ich mir anlegte, bestand aus einem Tablettenröhrchen aus Glas und hatte als einzige Ausstattung einige Stengelchen grünes Moos. Darin hielt ich mir den lustigen *Bücherskorpion* (s. Abb. 30), den du nicht nur in alten Büchern, wo er auf die kleisterfressenden Milben Jagd macht, sondern auch in Nistkästen von Vögeln und im Waldmoos finden kannst.

Der blinde Passagier

Wenn du besonders Glück hast, siehst du ihn vielleicht einmal am Bein einer Stubenfliege hängen, die ihn als blinden Passagier mit sich trägt. Sonst lege im Wald ein sauberes weißes Papier auf den Boden und klopfe darauf etwas Moos aus. Wenn du das mit der nötigen Geduld wiederholst, wirst du sicher auf einmal ein merkwürdiges, krebsartig geformtes Tierchen davonlaufen sehen, das drohend seine zwei großen Scheren schwingt, obschon das ganze Geschöpf nur wenige Millimeter groß ist. Nimm es mit einem Papierstreifchen auf und steck es in das bereitgehaltene Glasröhrchen, das du dann mit Watte verschließt. Watte läßt wohl genügend Luft eintreten, verhindert aber ein Entweichen des Pfleglings und der Futtertiere (winzigste Mücken, Blattläuse oder Käsemilben). Der Bücherskorpion braucht aber nur alle paar Tage einige davon.

Den Bücherskorpion sucht man im Moos

Noch interessanter ist der eigentliche Skorpion

Von diesem giftigen Spinnentier (s. Abb. 31) finden wir in den wärmeren Gegenden der Schweiz, im Tessin und dem Wallis zwei verschiedene Arten. In den Kellerräumen alter Häuser, unter dem abbröckelnden Verputz unbewohnter Hausruinen und sogar zwischen den Steinen alter Mörtelmauern leben sie und machen dort Jagd auf allerlei Insekten und Spinnen. An ihrem vielgliedrigen, sehr beweglichen Schwanz haben die Skorpione eine Giftdrüse und einen dazu gehörenden Stachel. Wenn uns Menschen der Stich des einheimischen Skorpions auch nicht viel anhaben kann, ist er doch unangenehm, und man läßt es besser nicht dazu kommen. Gewöhnlich bleibt der Skorpion, wenn wir ihn durch Abheben eines Steines, durch Loslösen eines Stück Verputzes in einer Ruine oder durch Ableuchten der Wände eines dunkeln Kellers entdeckt haben, unbeweglich sitzen. Wir nehmen ihn dann natürlich nicht in die Finger, sondern halten einfach eine Blechbüchse darunter an die Wand und streifen ihn mit dem Büchsendeckel hinein. Nötigenfalls faßt man ihn mit einer Pinzette an einem Bein oder mitten am Körper.

Der Stich ist nicht gefährlich, doch unangenehm

Nie bringe man aber mehrere Skorpione in derselben Schachtel unter, sonst hebt ein grimmiges Morden an, und oft bleibt keiner mehr am Leben. In einem Halbliterglas belegst du den Boden mit einer dünnen Schicht dichtem Moos, stellst darin ein Stück Baumrinde so auf, daß es oben dicht an das als Abschluß dienende Drahtgitter stößt. Wie auf einer Treppe kann der Skorpion nun auf diesem Rindenstück hinaufsteigen und die sich oben am Gitter sammelnden Fliegen mit seinen Scheren herunterholen und verzehren. Beobachte gut, wie er das macht und wie er die Beutetiere zuerst mit seinem Giftstachel tötet. Mit einem Bleistift bohrst du oben ins Drahtgitter ein rundes Loch, durch das du die lebenden Fliegen hineingibst. Das Loch schließt du jedesmal wieder mit einem Kork oder Wattebausch.

Nie mehr als einen Skorpion in einer Schachtel unterbringen

Beobachte, wie er Fliegen fängt

Denke daran, daß Skorpione auch an glatten Glaswänden emporsteigen können und trotz ihrer Ungefährlichkeit den Mitbewohnern des Hauses wenig Freude machen dürften, wenn sie plötzlich in der Küche oder im Schlafzimmer herumlaufen. Täglich gibst du einen Tropfen Wasser auf das Moos, da Skorpione es gerne feucht haben. Stell aber das Glas nie an die Sonne!

Heute bringen Touristen, aber auch Händler oft große tropische Skorpione in den Handel. Laß die Hände davon, denn diese sind sehr gefährlich.

Eine scheinheilige Heuschrecke ist die Gottesanbeterin

Wie mit betend gefalteten Händen sitzt das grasgrüne merkwürdige Insekt in wärmeren Gebieten im Gras oder auf Zweigen und wartet auf Beute (s. Abb. 33). Diese «Hände» sind aber heimtückisch mit scharfen Stacheln bewehrte Fangwerkzeuge, mit denen die Gottesanbeterin Insekten und sogar kleine Eidechsen fängt, um sie zu fressen. Als eines der wenigen Insekten, die den Kopf bewegen können, schaut die Gottesanbeterin aufmerksam umher mit ihren großen ebenfalls grüngefärbten und daher unauffälligen Augen.

Nähert sich ein Opfer, greifen die Fangarme blitzschnell zu, und um das Insekt ist es geschehen, denn scharfe Stacheln haben es bereits durchbohrt.

Faß das Tier aber ruhig an, denn dir kann es nichts tun. Setze die Gottesanbeterin in ein Marmeladeglas, in das du einen grünen Zweig (durch einen durchbohrten Kork in ein mit Wasser gefülltes Tinten- oder Fleischextrakttöpfchen gesteckt) gestellt hast. Daß man oben ein Stück Stoff oder Canevasgitter darüberbindet, dürfte dir einleuchten. Gottesanbeterinnen sind als Larven noch flügellos, erwachsen können sie fliegen. Füttere sie mit allerlei lebenden Insekten, Fliegen oder Heuschrecken.

Futter für die Gottesanbeterin

Das lebende Stecklein oder die Stabheuschrecke

Ebenso interessant, aber weniger «grausam» ist die rein vegetarisch lebende Stabheuschrecke (s. Abb. 35), die schon in Südeuropa, besonders aber in den Tropen in vielen Arten daheim ist. Stört man so ein braunes oder grünes, überschlankes Tierchen, läßt es sich sofort von dem Zweig, auf dem es sitzt, zu Boden fallen, streckt alle Beine bolzgerade nach hinten und vorne und sieht nun aus wie ein Stück Pflanzenstengel. Tatsächlich ist eine auf natürlichen Boden gefallene Stabheuschrecke kaum mehr aufzufinden, da sie sich absolut unbeweglich verhält. Auch wenn du sie in die Hand nimmst, bleibt sie wie tot.

Stabheuschrecken sind Vegetarier

Für wenig Geld bekommst du diese seltsamen Heuschrecken, die aber nie springen, in den Tierläden oder bei einem Liebhaber. Genau wie die Gottesanbeterin setzt du auch dieses Insekt in ein Marmeladeglas, an Stelle irgendeines Zweiges steckst du frische Efeublätter in den oben erwähnten Korken.

Stabheuschrecken legen ununterbrochen Eier

Lange kannst du die Tiere aber nicht in einem engen Behälter halten, denn sie legen ununterbrochen Eier, und fortwährend schlüpfen winzige, lustige Stabheuschrecken aus den hanfkornähnlichen, dunkelgrünen Eiern, die am Boden einfach monatelang liegengelassen werden. Es gibt in Gefangenschaft nur Weibchen, und trotzdem entwickeln sich die Eier, aus denen aber wiederum nur Weibchen ausschlüpfen. Ununterbrochen fressen sie an den Efeublättern. Natürlich nehmen sie auch andere Blätter an, zum Beispiel Rosen oder Tradeskantien. Aber fange damit gar nicht erst an, sonst schmecken ihnen die bitteren Efeublätter nicht mehr, und im Winter bekommst du die anderen Blättersorten nicht. Später bringst du die ganze Menagerie in einem alten Aquarium oder in einem Terrarium unter. Die Stabheuschrecken können an manche Terrarientiere verfüttert werden, doch sind sie nicht sehr beliebt.

In der Gefangenschaft entstehen nur Weibchen

Verwöhne diese Herrschaften nicht

Unbeliebte Damen

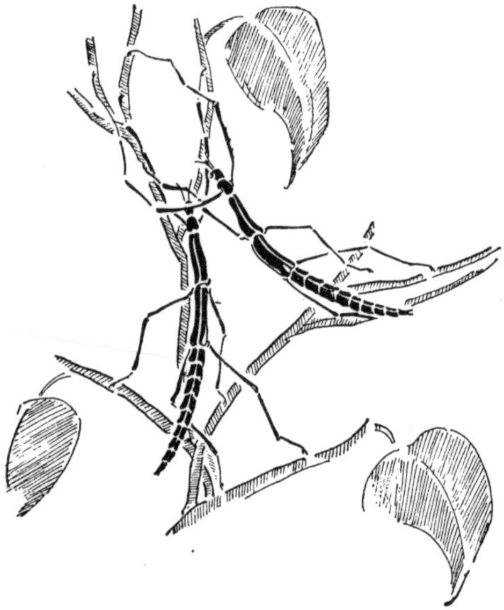

Allerlei Käfertiere, die aber leider nur kurze Zeit leben

Nur ganz wenige von den unzähligen Käfern unserer Heimat kommen als Terrarientiere in Frage, da sie meist nur ein auf wenige Wochen beschränktes Dasein führen.

Der Hirschkäfer, der auffälligste und größte Käfer in unseren Gegenden, imponiert uns durch die gewaltigen hirschgeweihartigen Zangen, mit denen das Männchen bewehrt ist. Das Weibchen hat nur gewöhnliche, aber nicht weniger

Der größte einheimische Käfer

empfindlich kneifende Zangen. Ihn, der seine drei bis vier Jahre dauernde Jugendzeit als Engerling im Holz einer Eiche verbracht hat, halten wir die wenigen Wochen, die er als erwachsener Käfer zu leben hat, in einem kleineren Terrarium, dessen Boden wir mit trockenen Tannennadeln bestreuen. Ein Stück altes Holz oder borkige Rinde dient als Klettergestell, und seine Nahrung, bestehend aus Obstsäften, Honig- oder Zuckerwasser, trinkt er aus einem kleinen Holztellerchen, das wir aus einem halbierten Aststück ausgehöhlt haben. Dort hinein geben wir jeden Tag einige Tropfen dieser Flüssigkeiten, die aufgeleckt werden. In der Kirschenzeit legen wir einfach eine angebissene Kirsche hinein. Hüte dich aber, zwei dieser gewaltigen Käfer zusammenzutun, sonst hast du auf einmal nur noch zwei jämmerlich zerbissene und zerstückelte Kadaver in deinem Glas.

Veranstalte keine Stierkämpfe

In einigen Gebieten sind Hirschkäfer geschützt. Und mit Recht. Darum laß sie bald wieder frei!

Ähnlich wie der Hirschkäfer läßt sich auch der *Nashornkäfer* (s. Abb. 36) halten. Manchmal findet man ihn in der Gerberlohe (gemahlene Eichenrinde), in welcher die Käferlarven sich gerne aufhalten, aber auch in Komposthaufen.

Der Ölkäfer oder Maiwurm ist ein blauschwarz glänzender, flügelloser, unförmiger Geselle, der uns im Mai oder Juni oft über den Weg spaziert. Ohne zu fliehen läßt er sich von uns aufheben, spritzt uns dann allerdings sein ekliges Blut aus den Beingelenken an die Finger, so daß wir ihn empört loslassen. Der Saft stinkt nämlich. Dazu ist er auch noch giftig, und man hat früher daraus allerlei Zaubertränke und Medizinen gebraut. In einem kleinen Einmachglas auf Moosboden oder auf einem darin untergebrachten Rasenstückchen läßt er sich lange halten. Er frißt allerlei Wiesenkräuter, vor allem das im zeitigen Frühjahr gelb blühende Scharbockskraut, das du unter jeder Hecke findest. Lies in einem Buch (Brehms Tierleben, Fabre usw.) die interessante Lebensgeschichte dieses Käfers nach.

Eine ganz gemeine Tierfalle baut sich der Ameisenlöwe

An sonnigen Straßenborden, an Waldrändern, wo trockene Erde oder Sand lose hinabrieseln, finden wir oft kleine Trichter. Mit einem Löffel oder mit der Hand schöpfen wir rasch einen aus und blasen den Sand weg. Zurück bleibt ein borstiges, flaches Insekt, das heißt die Larve eines Insekts, eben der Ameisenlöwe (s. Abb. 38). Wir füllen eine kleine Schachtel mit dem Sand, aus dem der Trichter bestand, und legen den Ameisenlöwen hinein. Zu Hause breiten wir den

Sand am Grunde eines Literglases flach aus und warten, was nun passiert. Bald baut der Ameisenlöwe sich einen Trichter als Falle für Ameisen und andere ihm zur Nahrung dienende Insekten. Mit Sand bombardiert er aus der Tiefe der Grube, wo er versteckt liegt, vorbeigehende Ameisen, bis sie hinabfallen. Dann packt er sie mit den großen Zangen und saugt sie völlig aus. Die leeren Leichen wirft er wieder hinaus. Ist er groß und fett geworden, verpuppt er sich durch Spinnen eines runden Cocons, aus dem dann ein libellenähnliches Insekt, die Ameisenjungfer, ausschlüpft. Ameisenlöwen haben keinen Darmausgang, da sie ihre Beute außerhalb des eigenen Körpers verdauen, indem sie diese mit Magensaft durch die hohlen Zangen hindurch vollpumpen und dann den aufgelösten Körperinhalt der Beute wieder zurücksaugen.

Seltsame Verdauung

Spinne am Morgen, Kummer und Sorgen!
Spinne am Abend, erquickend und labend!

Ob dieser Spruch stimmt, weiß ich nicht, ich bezweifle es aber, denn ich habe unzählige Spinnen tagein, tagaus in meinem Zimmer gehabt und sie sogar als Käfigtiere gepflegt. Besonders unsere einheimischen *Radnetzspinnen (Kreuzspinnen)* bieten uns sehr interessante Einblicke in ihr Leben, wenn wir sie zweckmäßig halten. Ein kleines, mit Gaze zugebundenes Terrarium, versehen mit einem trockenen Zweig als Turnplatz für die Spinne, am Boden feuchtes Moos und viele lebende Fliegen, das ist alles, was es zur Spinnenhaltung braucht.

Spinnen sind leicht zu pflegen

Fang dir eine recht große dicke Kreuzspinne und schaue ihr zu, wenn sie den seltsamen Eicocon spinnt und ihre Eier darin unterbringt. Den Cocon hängst du dann in den Garten, während die Spinnenmutter stirbt.

Die *Harlekinspinne* erhielt ihren Namen von ihrem seltsamen clownhaften Benehmen. An heißen, sonnenbestrahlten Mauern, auf Fenstersimsen und an Felswänden kannst du eine kleine, schwarz und weiß gezeichnete Spinne finden, die seltsame Sprünge aufführt. Kaum größer als der Kopf eines Zündhölzchens, heftet sie sich mit einem Faden an der Unterlage fest und wartet, bis sich irgendein kleineres Insekt, eine Mücke zumeist, nähert. Dann springt sie wie eine Katze darauf los, vor Absturz gesichert durch ihr «Gletscherseil» aus Spinnweb, und packt ihre Beute, um sie zu verzehren. Ein kleines Glas oder ein winziger Gitterkäfig dient ihr bei uns als Wohnraum, wo sie sich auf der darin aufgestellten Steinplatte bald zu Hause fühlt und ihre Clownsprünge aufführt.

So klein wie der Kopf eines Zündhölzchens

Bananenspinnen verbreiten Furcht und Schrecken in den Obstläden

In den dicken Bündeln unreifer Bananen, die weit übers Meer zu uns kommen in die Nachreiflager, wo eine bestimmte Wärme nicht nur die Bananen ausreifen läßt, sondern auch allerlei tierische «blinde» Passagiere aufweckt, finden sich recht häufig die mannigfaltigsten Spinnentiere. Von der Größe unserer heimischen Spinnenzwerge bis zu handtellergroßen Vogelspinnen kann einem alles begegnen. Gegen ein Trinkgeld kann man von den Angestellten der Südfrüchtegeschäfte solche unerwünschten Besucher manchmal bekommen und sich so recht interessante Beobachtungsobjekte verschaffen. Aber merke dir! Es gibt darunter ganz gefährliche Gifttiere, deren am Kopf sitzende Giftklauen dir Krankheit und Schmerzen bringen können. Also nie ein solches Tier einfach in die Hand nehmen! Es gibt auch unter den kleinen tropischen Spinnen gefährliche Tiere, darum soll man sie immer nur mit einer Pinzette anfassen. Die großmächtigen Vogelspinnen aber, die kannst du gut mit zwei Fingern von oben her am Leib fassen, ohne daß sie dir etwas tun können, da ihre Gifthaken vorne am Kopf sitzen und nach abwärts gerichtet sind. Setze das Tier in ein Glas mit Moos- oder Torfboden. Ein gewölbtes Rindenstück dient als Unterschlupf, und als Nahrung brauchst du Fliegen, Heuschrecken, Schaben oder Mäuse (für die großen Vogelspinnen).

Die großen Vogelspinnen sind besser als ihr Ruf

Wespen sind sehr nützliche Insekten

Wespen auf dem Fenstersims

Wenn du keine Angst vor einem Wespenstich hast und dir ein Garten zur Verfügung steht, kannst du dir ein reizvolles Schauspiel bereiten. Suche irgendwo an einem Haus oder an einer Felswand, an einem Strauch oder einer alten Mauer ein pilzförmiges Nest der *Polistes-Wespen* (s. Abb. 42). Abends, wenn die Wespen alle heimgekehrt sind, gehst du hin, bindest das ganze Nest in ein Säckchen und schneidest den Stiel dann durch. Zu Hause kannst du das Nest mit einer Nadel irgendwo befestigen, sei es vor dem Fenster oder im Garten. Am nächsten Morgen nimmst du die Hülle weg, und die Wespen fliegen aus. Nicht alle werden den Weg zurückfinden und vielleicht den alten Standort des Nestes aufsuchen. Die anderen aber, besonders die jungen, immer neu ausschlüpfenden Wespen gewöhnen sich an den neuen Platz, und du hast direkt vor deinen Augen das ganze interessante Leben deines Wespenstaates. Mit Insekten (Fliegen, Bremsen, Raupen) und mit rohem Fleisch kannst du diese Gäste sogar füttern, denn Wespen sind ja Raubtiere, die unsere Obstbäume von schädlichen Insektenlarven befreien.

Wespen begnügen sich nicht wie Bienen mit «Nektar und Ambrosia»

Grillen zirpen leider oft auch im Haus

In romanischen Ländern (Spanien) werden manchmal Grillen in kleinen Käfigen auf den Straßen feilgeboten, und man hängt diese zirpenden Tierchen irgendwo im Hause auf. Dies sind aber die auch bei uns in den Häusern auftretenden kleinen braunen Hausgrillen, die Heimchen, und nicht die schwarzen Feldgrillen (s. Abb. 43).

Grillen bringen Glück

Wenn du am sonnigen Wegrand eine Grille zirpen hörst, schleiche dich hin. Sie wird dich zwar trotzdem sehen und sich beizeiten in ihren Gang zurückziehen, was du am Aufhören ihres «Gesanges» merkst. Nun suche den Gang (er ist meist unter einem Grasbüschel versteckt) und stochere leicht mit einem langen Grashalm hinein. Bald wird die Grille erscheinen, und du kannst sie mitnehmen. Begnüge dich aber mit einer einzigen, zwei oder mehr zusammen würden sich verletzen oder auffressen. Ein kleines Vollglas oder Marmeladenglas dient als Grillenhaus. Auf den Boden gehören etwa fünf Zentimeter trockene Erde oder, noch besser, ein den ganzen Boden deckendes Rasenstück. Bald wird sich die Grille eine Wohnröhre graben und so vertraut werden, daß man sie gut beobachten kann. Sie soll es warm haben, und als Futter gibst du ihr allerlei weiche Pflanzenteile und kleine Insekten. Auch die Hausgrille, das braune «Heimchen», läßt sich gut halten.

Wie man Grillen fängt

Maulwurfsgrillen oder Werren

Weniger geeignet als Terrarienpflegling ist die imposante Maulwurfsgrille (Bodechräbs, Wärre; s. Abb. 44), da sie einen viel größeren Platz beansprucht und selten sichtbar ist. Futter: Pflanzen und Würmer.

Schmetterlingsraupen sind kein Spielzeug

Man schleppt sie daher nicht in winzigen Blechbüchsen herum. Sie sind Tiere wie andere und dürfen nur in sachgemäß eingerichteten Behältern gehalten werden. Raupen sind nicht nur schön und interessant, sie haben vor vielen anderen Terrarientieren den großen Vorteil, daß sie uns nie langweilig werden können wie andere, sich lange Zeit immer gleich verhaltende Tiere, die du bald uninteressant findest und sie darum gern vernachläßigst. Raupen haben nämlich meist nur eine ganz kurzbeschränkte Lebensdauer; nach deren Ablauf verpuppen sie sich und werden zu Schmetterlingen. Nur wenige Raupen leben mehr als einige Wochen oder Monate als Raupen. Und diese, wie beispielsweise der Weidenbohrer, leben manchmal jahrelang im Holz von Bäumen, kommen uns also normalerweise auch gar nicht vor

Nur wenige Raupen leben länger als einige Wochen als Raupen

Augen bis kurz vor ihrer Verpuppung, wo sie den Baum verlassen, um sich im Boden einzupuppen.

Schleppe nicht jede Raupe, die du findest, nach Hause

Verfalle aber bitte nicht in den Fehler, alle Raupen, die dir unter die Finger kommen, wahllos nach Hause zu nehmen. Sperre sie auch nicht einfach in irgendeine alte Zigarrenkiste, ohne zu wissen, was sie zu fressen haben müssen, sondern halte dich an eine oder zwei Arten und erkundige dich sofort bei einem Tierkundigen, was sie fressen. Hast du sie an irgendeiner Pflanze gefunden, so merke dir das Kraut, nimm vorsorglich davon einen Strauß heim und stelle ihn als Futtervorrat ins Wasser.

Wo du die Raupe halten kannst

Als Behälter, wo du die Raupe halten kannst, dient dir jedes raupendichte Terrarium oder leerstehende Aquarium. Aus Holz, Drahtgaze und Glas kannst du dir aber auch einen kleinen Kasten zimmern für deine Raupen. Er braucht nur so groß zu sein, daß darin ein wenig Erde als Bodengrund und ein kleines Glasfläschchen oder Töpfchen mit den Nährpflanzen Platz haben. Eine kleine Holzkiste, deren Vorderwand wir entfernen und durch eine Glasscheibe ersetzen, und deren Deckel ein mit Drahtgaze überzogener Holzrahmen bildet, tut denselben Dienst. Um die Futterpflanzen frisch zu erhalten (welke Kräuter werden meist nicht mehr angenommen), müssen wir sie in eine Art Blumenvase stellen. Ganz besonders geeignet sind dazu Plastikdosen. Durch deren Deckel bohren wir mit einer glühenden Stricknadel (sie darf natürlich nicht aus Plastik sein!) ein oder mehrere Löcher und können nun durch diese die Futterpflanzen ins Wasser stellen. Die Pflanzen fallen so nicht um, auch wenn schwere Raupen an ihnen herumturnen, und auch die Raupen können nicht ins Wasser fallen und ertrinken. Als Bodenbelag dient Torf oder Walderde. Für Raupen (Schwärmer z. B.), die sich im Boden verpuppen, benötigen wir eine etwa fünf Zentimeter tiefe Erdschicht. Man kann die Puppen natürlich auch in speziellen Verpuppungsschachteln aus Plastik unterbringen, nachdem wir diese mit Erde gefüllt haben.

Schwärmerraupen verpuppen sich in die Erde

Sehr groß sind oft die Schwärmerraupen

Die auffälligsten Raupen sind wegen ihrer Größe und bizarren Form sicher die Schwärmerraupen (s. Abb. 45). Fast jede trägt auf ihrem Rückenende einen nach hinten gerichteten harmlosen Stachel. Es sind die Raupen der oft prächtigen großen Nachtfalter, die man Schwärmer nennt. Die gewaltigste dieser Raupen sitzt an den Kartoffelstauden. Aus ihr wird ein großer Nachtfalter, der auf seinem Rücken eine menschenschädelähnliche Zeichnung trägt und deshalb Totenkopfschwärmer heißt. Jahr für Jahr fliegen diese

Der Totenkopfschwärmer ist reiselustig

großen Schmetterlinge aus Nordafrika zu uns und legen ihre Eier ab, aus denen dann die auffällig blaugestreifte, gelbe, grüne oder braune Raupe schlüpft, die du an ihrem mit vielen gelben Auswüchsen versehenen Stachel erkennst.
Mit Tomaten- und Kartoffelblättern kannst du sie füttern. Sie braucht davon sehr viel. Im Erdboden wird sie sich dann verpuppen, worauf bei genügender Wärme oft schon im selben Herbst der unheimliche Falter ausschlüpft. Abergläubische Leute fürchten ihn als Unglücksboten. Doch du bist ja nicht abergläubisch und wirst den Schmetterling, wenn er seine Flügel gereckt und getrocknet hat, in die Hand nehmen und mit Staunen hören, daß er «schreien» kann. Sein kurzer Rüssel erlaubt ihm nur an «blutenden» Baumrinden, an angeschlagenen Früchten oder im Innern eines Bienenstockes Nahrung zu holen. Laß den Falter unmittelbar nach seinem Ausschlüpfen und Trocknen frei, sonst zerschlägt er sich seine herrlichen Flügel im Käfig.

Abergläubisch sind wir nicht

Die Ligusterschwärmerraupe ist fast so groß und mindestens so schön wie die oben angeführte. Du findest sie an Ligusterbüschen, indem du auf der Erde unter den Büschen nach dem charakteristischen Kot der Raupe suchst. Es sind dies braungrüne, sechseckige Säulchen, die gar nicht erraten lassen, woher sie stammen. Oben im Laub findest du dann die grüne Raupe.

Die Wolfsmilchschwärmerraupe (s. Abb. 46) ist weitaus die farbenprächtigste von allen, sie wirkt geradezu tropisch. Sie oder die Eier (braun, oval) findest du vom Monat Juni an an den Wolfsmilchpflanzen am Waldrand.

Die farbenprächtigste einheimische Raupe

Die Weinschwärmerraupe, braunviolett oder grasgrün gefärbt, sitzt oft an den Rebenblättern am Spalier. Störst du sie, so zieht sie den Kopf ein und wölbt den vorderen Teil ihres Rückens ballonartig auf, wobei mächtige Augenzeichnungen beidseitig des Rückens, der nun aber wie ein Kopf wirkt, sichtbar werden und ein grimmiges Tiergesicht vortäuschen. Aus dieser Raupe entsteht ein hübscher weinroter Nachtfalter.

Noch viele, mindestens so hübsche und interessante Schwärmerraupen leben in unserem Land. Bevor du aber solche Tiere heimnimmst, überlege zuerst, ob du sie auch ernähren kannst. Du mußt nicht nur wissen, was für Pflanzen die Raupen fressen, du mußt diese Kräuter auch täglich frisch beschaffen können, sonst ist das Raupenhalten Tierquälerei, und da macht ein anständiger Mensch nicht mit.

Nicht immer ist es leicht, das richtige Futter zu beschaffen

Wir produzieren echte Seide

Natur und Technik

Natürlich weißt du, woher die echte Seide kommt. Sicher nicht aus der Kunstseidefabrik, denn was dort nach jahrzehntelangen kostspieligen Versuchen nun mit Hilfe komplizierter technischer Einrichtungen, mit Lärm und Gestank, von vielen fleißigen Menschenhänden geschaffen wird, das macht eine einfältige kleine Schmetterlingsraupe still und bescheiden, ohne jeden Aufwand, schon seit Jahrtausenden viel besser. Aber nicht nur die Raupe des Seidenspinners schafft Seide, noch viele, viel kleinere und unscheinbarere Tierchen können dasselbe. Ja, das Altertum hat sogar die von einer Muschel produzierte Seide für den menschlichen Gebrauch verwertet, und die Spinne erzeugt heute noch einen Stoff in ihrem Spinnfaden, den unsere Technik erst in den letzten Jahrzehnten mit Kunststoffen herstellen konnte. Um selber einmal den Werdegang der Naturseide beobachten zu können, beschaffst du dir von einem entomologischen Verein (Verein von Insektenkundigen), den es in fast jeder Stadt gibt, einige Seidenspinnereier. Dann brauchst du noch frische Blätter vom Maulbeerbaum, den man auch fast überall in irgendeinem Garten findet. Wenn du freundlich und anständig zu fragen verstehst, wird dir der Besitzer gerne erlauben, alle paar Tage die nötigen Blätter zu pflücken. In ein mit einem ganz feinen Schleiergewebe zugebundenes Marmeladenglas wird ein Töpfchen mit Maulbeerzweigen gestellt. Bald werden aus den Eiern winzige Räupchen schlüpfen und an den Blättern zu fressen beginnen. Du kannst die mehrmaligen Hautwechsel beobachten, bei denen die Raupen aus der zu eng gewordenen Haut schlüpfen. Wenn die Raupen unruhig zu werden beginnen, wenn sie vom Futterplatz weg ziellos herumkriechen, mußt du ganz besonders aufmerksam sein. Denn nun verpuppen sie sich.

Ein Cocon besteht aus einem 2000 m langen Faden

Ihre Spinndrüsen schaffen einen zwei- bis dreitausend Meter langen dünnen Seidenfaden, den die Raupe zu einem ovalen Puppenhaus, dem Seidencocon, zusammenspinnt. Daraus schlüpfen einige Zeit später die weißlichen Seidenspinner aus, die sofort wieder für neue Eier sorgen, so daß du die Zucht so lange fortsetzen kannst, wie du für die Raupen Futter hast.

Der *Ailanthusspinner,* ein riesiger, aus China stammender Seidenspinner, lebt verwildert im Tessin schon ziemlich häufig an den Blättern des Götterbaumes (Ailanthus). Er klebt seine Cocons an Blätter an, mit denen man sie leicht abschneiden und heimnehmen kann.

Der *Pinienprozessionsspinner* (s. Abb. 50) ist aus seiner Mittelmeerheimat bis hinauf gegen den Gotthard in die

Schweiz vorgedrungen, und du findest seine schneeballähnlichen, faustgroßen weißen Gespinstkugeln überall an den Föhrenwipfeln. Nimm, wenn du einmal die Gelegenheit hast, eine solche Kapsel herunter und schneide sie auf. Zieh aber Handschuhe an dazu, denn die pelzigen Raupen, die du darin findest, haben giftige Haare, die Hautentzündungen hervorrufen können. Lege die Raupen auf einen Haufen, und du wirst erleben, wie sie sich sofort im «Gänsemarsch»

Achtung, giftig

davonmachen. Eine schließt so eng an die andere auf, daß sie eine lange, ununterbrochene, haarige «Schlange» bilden. Sie zerstören die frischen Triebe der Föhrenwipfel, deren Nadeln sie abweiden.

Aus der Rüebliraupe entsteht der Schwalbenschwanzschmetterling

Die *Schwalbenschwanzraupe (Rüebliraupe),* aus der der prächtige Schwalbenschwanzschmetterling wird, kennst du sicher aus dem Garten, wo ihr prächtig grün und orange gezeichnetes Kleid im Gemüsebeet auffällt. Sie aber verpuppt sich nicht wie die Schwärmerraupen in der Erde, sondern sie hängt sich irgendwo an einem Zweig oder an einem Stein mit einem selbstgewobenen Gürtel an, wie ein Telephonmonteur an einer Telephonstange.

Der *Seerosenzinsler* ist wenig bekannt, und doch ist es ein häufiger, wenn auch wenig auffallender Schmetterling. Seine Raupe kannst du nur im Aquarium halten. Suche dir in einem Weiher, wo Seerosenblätter das Wasser beleben, Blätter heraus, an deren Rand ovale Stücke (etwa 2–3 cm lang) herausgeschnitten sind. Suche in deren Umgebung oder auch an ihrer Unterseite (unter Wasser), ob du die herausgeschnittenen Stücke findest. Siehst du ein solches Gebilde, nimm es sorgfältig und ohne zu drücken heraus, trage es in einer Schachtel samt einem Seerosenblatt heim und lege alles ins Aquarium. Zwischen zwei solchen ovalen Blattstückchen liegt nämlich wohlgeborgen eine kleine grüne Raupe. Sie hat die Blattstücke ausgenagt, sie mit Seide zusammengeheftet und bedient sich dieses Schutzes gegenüber Feinden. Sie kann aber auch zwischen den Blattstücken, wie in einer Taucherglocke, für ihre Unterwasser-Exkursionen Luft mitnehmen.

Seltsames Versteck

Noch viele Raupen wären zu erwähnen, noch viel zu erzählen, aber diese Anleitungen sollen dich ja zu eigenem Forschen und Experimentieren anregen, wobei du aber immer bedenken mußt, daß man mit lebendigen Tieren nur so weit Versuche anstellt, als dies den Tieren nicht schadet.

Anstatt des erwarteten Falters schlüpfen kleinere Insekten aus der Schmetterlingspuppe

Eine böse Überraschung

Da hast du irgendeine prächtige Raupe großgefüttert, hast dich an ihrem Gedeihen, ihrer Verwandlung in eine Puppe gefreut und wartest nun auf das Ausschlüpfen des Schmetterlinges. Statt dessen siehst du auf einmal ein kleines rundes Loch in der Puppenhülle, und darum herum sitzen oder schwirren einige kleine Fliegen oder schwarze Schlupfwespen. Da hat entweder eine Fliege ihre Eier der Raupe auf den Rücken geklebt oder eine Schlupfwespe hat mit ihrem langen hohlen Legestachel ihre Eier unter die Haut der Raupe tief in deren Leib versenkt. Die daraus ausschlüpfenden Maden fressen die Raupe inwendig aus, jedoch so, daß sie erst im allerletzten Moment, also wenn sie sich schon verpuppt hat, an den dabei zugefügten Verletzungen stirbt.
Die Fliegen und manche Wespenlarven verpuppen sich im Innern der Puppe, andere kommen als Larven aus deren Leib heraus und verpuppen sich auf dem Rücken der Raupe oder Puppe, wie ihr es manchmal bei der Kohlweißlingsraupe sehen könnt. Die Leute sprechen dann fälschlicherweise von «Raupeneiern». Raupen legen natürlich keine Eier. Wenn ihr also Raupen halten wollt, so seht sie euch sehr genau an. Besonders auf dem Rücken von Schwärmerraupen sieht man recht oft die weißen, ovalen Flecken, die, unregelmäßig verstreut, fest auf der Haut haften. Das sind die Eier solcher parasitärer Fliegen.

Lege dir keine Schmetterlingssammlung an!

Nicht alle Menschen haben das Recht, Tiersammlungen anzulegen

Wenn du ein Naturfreund bist, und das willst du doch sein, dann sammle keine Schmetterlinge. Nicht daß ich eine Schmetterlingssammlung unschön finde oder den Schmetterlingssammler verachte. Aber bei jeder Sammlung, deren Anlage und Ausbau das Opfer vieler Tierleben fordert, muß der Naturfreund darauf dringen, daß sie nur von solchen Menschen angelegt wird, die sich ihrer Verantwortung gegenüber der Natur und ihren Geschöpfen bewußt sind und darnach handeln. Nur der ernsthafte wissenschaftliche Forscher ist berechtigt, Tiere für seine Sammlung zu töten, weil er anders eben seine Arbeit gar nicht weiterführen kann. Sonst aber gibt es unzählige andere Mittel, seiner Sammlungsfreude, die an sich natürlich und schön ist, zu genügen. Es ist dazu durchaus nicht nötig, daß deswegen Hunderte und Tausende der schönsten lebendigen Naturwunder grausam gefangen, getötet und dann aufgespießt und getrocknet werden. Diese Tiere bilden den lebendigen Schmuck unserer Blumenwiesen. Freuen wir uns an ihrer Farbenpracht, an ihrem gaukelnden Spiel, und wenn wir sie doch sammeln möchten, dann tun wir es mit Hilfe des Photoapparates. Das ist ebenso spannend, viel schwieriger und damit reizvoller und befriedigender als das Töten; und dann besitzt man für alle Zeiten, besonders wenn wir Farbaufnahmen machen, eine ebenso schöne Erinnerung.

45 *Totenkopfschwärmerraupe (Acherontia atropos)*
46 *Wolfsmilchschwärmerraupe (Celerio euphorbiae)*
47 *Spannerraupe*
48 *Weinschwärmerraupe in Drohstellung (Pergesa elpenor L.)*
49 *Seidenspinnerraupe (Bombyx mori)*
50 *Pinienprozessionsspinner (Thaumetopoea pithyocampa)*
51 *Laubfrosch (Hyla arborea arborea)*

45

46

47

48

49

50

52

53

Terrarien für Wirbeltiere

Amphibien (Frösche, Kröten, Molche, Salamander) müssen feuchte Behausungen haben
Wo die vorhandenen Mittel oder andere Umstände die Anwendung des Aquaterrariums nicht zulassen, tritt das Feuchtterrarium an dessen Stelle. Jeder Glasbehälter, vom Vierliterkonservenglas bis zum großen ausgedienten Rahmen- oder Vollglasaquarium, kann uns dazu dienen. Kleine Frösche und Kröten, Salamander und Molche brauchen nämlich nur wenig Platz, so daß uns fast jedes Glas, dessen Boden wir mit frischem Moos belegen, genügen kann. Da sich aber Amphibien gerne verkriechen und in Ermangelung eines Versteckes sich unter die Mooslage schieben, geben wir ihnen ein gewölbtes Rindenstück oder ein etwas ausgehöhltes Stück altes Holz von einem Baumstrunk als Unterschlupf. Steinerne Grotten sind natürlich ebenso zweckmäßig, sie müssen aber mit Zement dauerhaft zusammengefügt sein, sonst wühlen die Insassen alles durcheinander, oder beim Hantieren im Behälter verschiebt sich ein Stein, und das Glas ist entzwei.

Hast du noch ein Laubfroschhaus, so gib es dem Altwarenhändler!
Du machst damit dem Laubfrosch (s. Abb. 51) eine große Freude. Schon der Name des Tieres sagt dir, daß es sicher nicht gewohnt ist, seine Tage auf einer kleinen nackten Leiter über einer Wasserlache zu verbringen, sondern daß es sich nur wohlfühlen kann, wenn es auf einem Blatt oder Zweig sitzt, mitten in einer freundlichen grünen Umgebung. Groß muß das Laubfroschterrarium nicht sein. Ein Vierliterglas genügt vollkommen.

Die Wohnung für den Laubfrosch

Stelle mitten auf den Boden des Glases eine mit Wasser gefüllte Plastikdose, deren Deckel du durchbohrt hast. Rings herum füllst du dann grobkörnigen Sand oder Erde auf bis an den Rand des Töpfchens, so daß dieses vollkommen feststeht. Durch den durchbohrten Deckel stellen wir nun starkblätterige Pflanzenstengel (Iris, Schilf, Efeuzweige, am geeignetsten einen Gipfeltrieb der stechpalmenähnlichen Mahonie) ins Wasser, so daß sie lange frisch bleiben. Den Boden bedecken wir mit einer Lage sattem Moos. Das Glas binden wir oben einfach mit Gaze zu, in die wir mit einem Bleistift ein Loch gebohrt haben. Durch diese Öffnung lassen wir jeden Tag wenigstens vier bis fünf Fliegen als Nahrung für unseren Laubfrosch hineinschlüpfen. Wichtig ist, daß der Zweig bis dicht unter die Abschlußgaze reicht, damit der Frosch die sich meist oben ansammelnden Fliegen von seinem Zweig aus holen kann. Vermag er das

52 Männchen der Geburtshelferkröte mit Eischnüren (Alytes obstetricans obstetricans)
53 Kreuzkröte (Bufo calamita)

nicht, so spaziert er am Glas hinauf, und du darfst es dann wieder putzen.
Hast du ein größeres Glas zur Verfügung, kannst du dir ein richtiges Gärtchen darin einrichten mit allerlei lebenden Treibhauspflanzen, Begonien, Tradeskantien. Lies auf Seite 165 nach, wie du dir Fliegen beschaffen kannst. Merk dir auch, daß alle Frösche nur lebende, sich bewegende Fliegen fressen. Mit Geduld aber kannst du deinen Laubfrosch daran gewöhnen, daß er auch tote Fliegen, Heuschrecken, Mehlwürmer, Spinnen von einer Pinzette weg, an deren Spitze du diese Insekten an einem Bein baumeln läßt, wegschnappt, da er sie noch für lebendig hält.

Stelle im Winter deinen Laubfrosch kühl

Der Laubfrosch im Winter

Fülle ihm vorher sein Glas bis obenan mit Laub oder Moos und vergiß ihn bis zum Frühling. Er soll es aber nicht wärmer als höchstens 8 °C und nicht weniger warm als 4 °C haben, damit er gesund bleibt. Hast du dir einen Madenvorrat zur Fliegenzucht angelegt, oder frißt dein Laubfrosch Mehlwürmer, kannst du ihn während des ganzen Winters durchfüttern. Wasser gibt man dem Laubfrosch nur, indem man jeden Tag einige Wassertropfen über die Pflanzen spritzt. Beobachte wie und wann dein Laubfrosch seine Hautfarbe wechselt, und wie er sich sogar am Glas festkleben kann. Sieh dir durch die Lupe seine Zehen an, wenn er am Glas klebt.
Da alle Frösche geschützt sind, darf nur der in der Tierhandlung käufliche Südeuropäische Laubfrosch gehalten werden.

Fremdländische Frösche

In den Läden erhält man auch den großen wasserfroschähnlichen *Seefrosch* und den *gemalten Scheibenzüngler,* der leicht zu züchten ist und der uns in den mannigfaltigsten Farben und Zeichnungsformen erfreut. Auch der gewaltige nordamerikanische *Ochsenfrosch* kommt gelegentlich in den Handel. Große Froscharten benötigen dann oft etwas kräftigere Kost als nur Würmer, und man füttert sie mit weißen Mäusen.

Findest du auch, die Kröten seien häßlich?

Dann ist es höchste Zeit, daß du sie näher kennenlernst. Von fast allen Amphibien sind gerade sie für den Liebhaber die interessantesten und vor allem unterhaltendsten. Schau dir nur einmal vorurteilslos und genau unsere gewöhnliche einheimische *Erdkröte* an (s. Abb. 55). Wie oft habe ich Bekannten, die sich abfällig über die Kröten äußerten, bei mir zu Hause unsere «Tante Berta», eine mächtige Erdkröte, vorgeführt und damit große Freude bereitet. Kröten stellen sich nämlich besonders beim Fressen derart komisch und scheinbar ungeschickt an, daß sie wie Zirkusclowns wirken. Es gibt auch ausgesprochen schön gefärbte Kröten wie etwa die *Wechselkröte,* deren grün und kaffeebraungefärbte Haut mit korallenroten Tupfen geschmückt ist (s. Abb. 56).

Hast du schon einem Frosch oder einer Kröte beim Fressen zugesehen?

Frösche und Kröten fressen nur Dinge, die sich bewegen

Beide Tiergruppen fressen nur Dinge, die sich bewegen. Sie würden also inmitten Hunderter von toten Leckerbissen verhungern, aber gierig nach einem Zigarrenstummel schnappen, den du boshafterweise mit einem Draht bewegst, um ihn dann entsetzt wieder auszuspucken. Also kann man, mit wenig Ausnahmen, nie einen Frosch oder eine Kröte an tote Nahrung gewöhnen. Hat die Kröte einen zappelnden Wurm erspäht, nähert sie sich auf «Schußweite» (der Zunge nämlich) und schnellt dann blitzschnell die umgekehrt im Maul liegende, vorne am Unterkiefer angewachsene zweilappige Zunge heraus, leimt die Beute fest und wirft sie in das weite Maul. Dann verschwinden plötzlich erst ein, dann das andere und oft beide Augen zusammen im Kopf. Und eben standen sie doch noch wie zwei Knöpfe hoch über dem Maul! Ja, Kröten und andere Amphibien ziehen die Augen ins Maul hinab und stoßen damit, wie mit zwei Stöpseln, die Beute in den Hals hinunter.

Die Zunge ist vorn angewachsen

Mit Ausnahme der meist schwimmenden Unken (s. Abb. 57) brauchen die Kröten nur im Frühling ein Wasserbecken. Das ganze Jahr über kannst du sie gut im Feuchtterrarium halten, das du aber, wenn es nicht sehr groß und mit viel Gitterfläche versehen ist, nie an die Sonne stellen darfst. Bald gewöhnen sich die Kröten an dich und kommen von selber aus ihrem Rindenunterschlupf hervor, um ihre Mehl- oder Regenwürmer in Empfang zu nehmen. Füttere sie immer an derselben Stelle, und verwende ein innen glasiertes Blumentellerchen. Gib Mehl- oder Regenwürmer, Raupen, Heuschrecken, Grillen, aber keine Fliegenmaden und keine Schnecken, die gerne an den Scheiben herumkriechen und diese beschmutzen.

Futter für Kröten

Alle Kröten sind giftig, darum wasche immer die Hände, wenn du eine berührt hast!

Alle Kröten sind giftig

Frösche haben eine glatte (giftdrüsenlose) und Kröten eine warzige, dicht mit Giftdrüsen besetzte Haut, aus der sie in der Angst einen gefährlichen Saft ausschwitzen. Das Krötengift ist für Schleimhäute, also für Nase, Mund und Augen, sehr gefährlich. Darum mußt du immer recht vorsichtig mit diesen Tieren umgehen.

Da auch alle Krötenarten unter Naturschutz stehen, darf man nur die ausländischen Arten, wie etwa die Agakröte, gefangenhalten.

Schlangen, Echsen und Landschildkröten müssen trockene Terrarien haben

Trockenterrarien sind einfach zu bauen

Eine Kiste mit Gitterdeckel und Glasvorderseite ist das einfachste Trockenterrarium, das du dir leicht selber herstellen kannst. Bringst du auch an den Seitenwänden kleine Glasfenster an, ist's noch besser; und lassen sie sich öffnen, hast du auch noch die praktischen Fütterungstüren daran. Solche Kistenterrarien sollen aber nur als Sommerterrarien für Eidechsen und Schlangen benützt werden, zur kürzeren Beobachtung dieser Tiere. Willst du ständig solche Kostgänger halten, baust du dir ein einfaches Terrarium. Hast du aber keinen, wenigstens einige Stunden am Tag von der Sonne beschienenen Platz für das Terrarium, dann laß die Anschaffung sein. Reptilien sind Sonnentiere.

Du baust dir ein Kistenterrarium

Eine Kiste von wenigstens 50 cm Länge, 40 cm Höhe und 30 cm Tiefe nimmst du sorgfältig auseinander und entfernst die Nägel. Hoble die Bretter glatt und schleife mit Feile und Glaspapier die Kanten sauber. Aus den Seitenwandbrettern sägst du die zukünftigen Fenster aus. Das gut trockene Holz streichst du einige Male auf allen Seiten mit Leinöl an (etwas erwärmen, aber nicht auf offenem Feuer, sondern im Wasserbad). Wenn du ein wenig Ockerpulver ins Öl rührst, gibt es einen schön gelblichen Ton. Natürlich kannst du die Bretter auch mit Ölfarbe streichen. Ist alles trocken, setzt du die Kiste wieder zusammen, aber diesmal mit dünnen Messingschrauben. Die Vorderseite lassen wir nun weg. Hast du dünnes Aluminiumblech, schlage damit den ganzen Boden sorgfältig aus, und laß es an den Wänden und vorne 2 bis 5 cm hochstehen. Notwendig ist das aber nicht. Für die Seitenfenster hast du dir vom Schreiner je drei gekehlte Stäbe besorgt, die du nun unten seitlich des Fensterloches anschraubst. Da hinein schiebst du dann von oben her je eine Glasscheibe, deren scharfe Ränder du mit Klebstreifen aus Plastik (Heftpflaster) umklebst oder dick mit Ölfarbe angestrichen hast, so daß sie wie gerahmt erscheinen. Um die aus Doppelglas bestehende Vorderscheibe einsetzen zu können, schraubst du am Boden und beidseitig an den Seitenwänden je zwei Dreikanthölzer im Abstand der

Glasdicke fest. So ist die Vorderscheibe bequem von oben her einzuschieben. Als Abschluß der Vorderscheibe setzen wir eine Leiste mit quadratischem Durchschnitt von 12 mm Kantenlänge, die eine Längsrinne von der Breite der Glasdicke hat, oben auf die Scheibe auf und schrauben sie beidseitig an den Seitenwänden fest. Nun fehlt nur noch der Deckel.

Auf einen Holzrahmen, ähnlich dem einer Schiefertafel, haben wir Drahtgaze aufgezogen, und diesen Rahmen in der Größe so berechnet, daß wir ihn rundherum über den oberen Terrarienrand überstülpen können, damit ein absolut dichter Abschluß erzielt wird. Wer Schreinertalent hat, kann natürlich auch einen versenkbaren Deckel konstruieren, der auf inwendig aufgeschraubten Leisten aufliegt und das ganze Terrarium weniger plump erscheinen läßt.

Die *Innenausstattung* ist natürlich den im Terrarium gehaltenen Tieren anzupassen und darum verschieden. Vorne links oder rechts, erreichbar von einem Seitenfensterchen aus, placieren wir ein Blumentellerchen oder eine Glasschale als Wassergefäß. Damit es aber nicht umgeworfen wird, geben wir ihm einen Gipsfuß. Dazu packen wir das Gefäß in dünnes Seidenpapier ein, das wir ölen. In einer alten Schüssel rühren wir Gipsbrei an und streichen damit die Terrariumecke etwa 3 bis 4 cm hoch aus, drücken dann das eingepackte Wassergefäß fest hinein, verstecken rund herum den Gips mit einigen darauf gedrückten Steinen, überstreuen das Ganze noch rasch mit aus zerklopften Steinen hergestelltem Steinmehl, damit man vom Gips nichts mehr sieht, und lassen alles trocknen. Dann heben wir das Gefäß wieder heraus, nehmen das Papier weg und stellen das gewaschene Gefäß wieder in die ausgesparte Öffnung, wo es nun sicher steht. Wer Phantasie hat, baut an der Rückwand mit Gips und Steinen eine kleine Felspartie auf und bepudert auch dort alle sichtbaren Gipsstellen mit Steinmehl, aber natürlich solange der Gips noch weich ist, also sofort. Auch ein knorriger Kletterast darf nicht fehlen. Noch sichtbare Gipsstellen bepinselt man mit Eisenvitriol. Die zuerst grüne Brühe verfärbt sich innerhalb weniger Tage zu rötlichem Braun, da das darin gelöste Eisen rostet.

Wie das Wassergefäß aufgestellt wird

Eisenvitriol als Färbemittel

Baue von Anfang an ein stabiles Terrarium

Das ewige Ändern und Neueinrichten ist ja anfänglich ganz unterhaltend, aber für die Tiere und für den Behälter und noch weniger für den Zimmerboden auf die Dauer gut. Das Terrarium soll wenn möglich an einem Fenster aufgestellt werden. Nehmen wir also an, das Licht treffe von links her

Das Terrarium gehört ans Fenster

auf eine Seitenwand. Dann richten wir gerade von Anfang an diese Seitenwand so ein, daß wir sie im Winter mit einer Scheibe, im Sommer aber mit einem Drahtgitter versehen können, um den natürlichen Sonnenstrahlen bei offenem Fenster Zutritt zu gewähren. Dies ist wichtig wegen der ultravioletten Strahlen, die vom Fensterglas nicht durchgelassen werden, für Tiere aber unbedingt notwendig sind. Zur Bedienung des Kastens soll entweder die rechte Seitenwand eine Türe enthalten oder die Vorderscheibe oder der Deckel herauszunehmen sein. Das Terrarium soll in dieser Größe als Universalbehälter für jede Art Terrarientiere brauchbar sein (natürlich nicht zu gleicher Zeit). Dazu beachte folgende Hauptregel:

Forderungen an ein gutes Terrarium

1. Das Tier soll sich darin wohlfühlen. Es muß also ein weitgehend seinen Bedürfnissen entsprechendes Milieu darin vorfinden. Um allen gerecht zu werden, bringen wir verschiedene Terrainarten darin an.
2. Das Tier muß ein Versteck haben, aber so, daß man es jederzeit daraus hervorholen und daß man das Versteck reinigen kann, ohne jedesmal die ganze Einrichtung durcheinander zu bringen. Das Versteck muß also einen festen Ort erhalten und muß entweder von außen durch ein Türchen (in Boden, Rückwand, Seitenwand) oder inwendig durch Abheben eines vorher genau eingepaßten Decksteines zugänglich sein.
3. Der Behälter muß heizbar sein (Bodenheizung allein oder Boden- und Deckenheizung).
4. Der Behälter darf keinerlei Spalten oder Ritzen haben, sonst kann sich eventuell ein Tier verkriechen oder flüchten.
5. Endlich soll das Terrarium auch hübsch und gefällig aussehen, sonst läßt sich die Mutter nicht dafür begeistern.

Die Maße des Terrariums richten sich natürlich nach der Art der darin gehaltenen Tiere. Doch dürfen wir als Mindestgröße die beim Kistenterrarium genannten Zahlen nehmen. Nach oben können wir die Größe natürlich im selben Verhältnis beliebig verändern, müssen uns aber darüber klar sein, daß ein größeres Terrarium auch sehr viel größere Heizungsansprüche stellt und damit größere Betriebskosten verursacht.

Je größer ein Terrarium, um so kostspieliger wird die Heizung

Bevor du den Behälter einrichtest, mußt du dir klar darüber sein, wo du das Versteck für die Tiere einbauen willst. Es ist nicht nur für die Tiere von Vorteil, es ermöglicht dir auch, die

Tiere abzusondern und einzusperren, falls du am Terrarium etwas ändern oder es reinigen willst, ohne die Tiere zu stören.

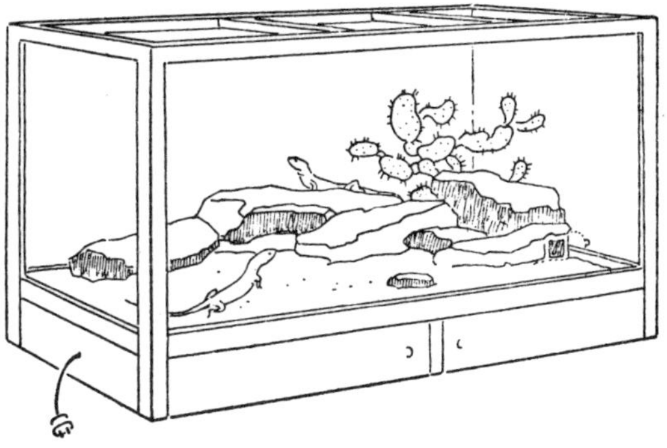

Es ist sehr vorteilhaft, den ganzen Kasten auf einen 8 bis 10 cm hohen, hohlen Sockel zu stellen. Die rechte Hälfte, als die vom Licht am weitesten abliegende Stelle, richten wir als Versteck ein. Wir bringen im Terrariumboden, etwa in der Mitte der rechten Seitenwand, ein rundes Loch von etwa 6 cm Durchmesser an, durch das die Tiere in den darunter liegenden Hohlraum gelangen können. Ein kleiner, von außen bedienbarer Blechschieber erlaubt das Öffnen und Schließen dieses Loches. Über dieser Öffnung mauerst du nun mit Gips oder besser mit Zement (ein Teil Zement zu sechs Teilen Sand) und hübschen Natursteinen eine kleine Höhle auf. Sie darf nicht tief sein, sondern dem Tier nur gerade einen Unterschlupf bieten, in dem es bei geschlossener Bodenklappe auch von außen noch gut sichtbar bleibt. Darüber errichtest du eine kleine Felspartie, die nach rechts hinten ihren höchsten, nach links unten den tiefsten Punkt erreicht. (Immer vorausgesetzt, der Lichteinfall kommt von links).

Bau eines Versteckes

Die Heizung

An diesen Felsen anschließend (damit auch er noch erwärmt wird) bauen wir die Heizung ein, so daß also der mittlere Teil des Terrariums am wärmsten wird. Wir verwenden eine bis zwei Glühlampenfassungen mit 10 bis 20 Watt Kohlenfadenlampen, die waagrecht, dicht unter dem Terrariumboden liegen müssen. Bei geschlossenem Bodenkasten heizen diese Lampen den ganzen unter dem Terrarium liegenden Raum stark auf, wodurch eine ausgezeichnete Durchwärmung des Terrariumbodens erreicht wird. Indem wir ein Thermometer auf den Terrariumboden legen, stellen wir für jede Stelle die erreichbare Maximaltemperatur fest. Diese darf ruhig bis

Die Maximaltemperatur

zu 50 °C ansteigen. Wo sie stellenweise höher wird, decken wir durch Übergießen mit Zement oder Gips etwas ab. Bloßes Aufschütten von Sand oder anderem Bodengrund ist unzuverlässig, da sich die Tiere darin einwühlen und sich so verbrennen können. Merkwürdigerweise bleiben viele Schlangen auch liegen, wenn sich ihre Haut verbrennt, als ob sie das nicht merkten.

Ist unser Terrarium nicht von unten heizbar, konstruieren wir aus Gips oder Zement mit Hilfe von Ziegelstücken, Eternitplatten oder dünnen Natursteinen einen künstlichen hohlen Felsen, der genau in eine Terrariumecke passen muß. Darin bauen wir eine Lampenfassung ein, führen das Kabel in einer Ecke des Terrariums durch eine Gitterlücke hinaus und verdecken es mit einem malerischen Ast, so daß es nicht auffällt. Natürlich können wir auch die geheizte Felsanlage direkt in den Behälter einmauern. Das ist noch einfacher, aber auch weniger bequem, wenn eine Lampe ersetzt werden muß. Kohlenfadenlampen sind aber außerordentlich lange brauchbar. Spezielle Heizplatten und -kabel tun denselben Dienst.

Die Bepflanzung

Neben dieser Felsgruppe lassen wir eine kleine ebene Fläche, die wir mit Waldboden belegen. An der Rückwand dieser Fläche mauern wir aus Natursteinen oder alten, knorrigen, bemoosten Holzstücken dicht vor der Terrariumrückwand eine kleine Grube auf, die zur Aufnahme lebender Pflanzen, also als Blumentopf, dienen muß. Da hinein setzen wir dann, je nach der Art der Tiere, einheimische Pflanzen (Efeu, kleine Tännchen, Sauerklee, Gundermann, Lysimachia [Pfennigkraut]) oder Gras und verstopfen alle Ritzen darum herum mit Moos, oder wir pflanzen Tropengewächse, vor allem Kakteen hinein, die wir rund herum mit Steinen gegen das Ausgewühltwerden sichern.

Bei Sonnenschein und Hochtarif Heizung abstellen

Nun ist unser Terrarium fertig. Wir besetzen den Behälter mit fremdländischen Echsen oder Schlangen oder mit kleinen Landschildkröten. Solange die Sonne in das Terrarium scheint, stellen wir die Heizung ab und schalten sie erst wieder ein, wenn die Sonne verschwunden ist. Schalte auch aus bei Hochtarif. Die Tiere können dann ja in das mit Laub oder Torf ausgepolsterte Versteck kriechen, das wir erst abends durch Herausziehen des Schiebers öffnen. Tagsüber halten wir es verschlossen, sonst verkriechen sich die Insassen bei unserer Annäherung und werden weniger zahm. Hingegen kannst du den Schieber öffnen, wenn du im Terrarium etwas reinigen oder ändern willst. Die Tiere ziehen sich dann zurück, und du läufst keine Gefahr, sie zu stören oder gar eines durch Flucht zu verlieren. Für geflüchtete Terrarientiere, besonders Schlangen, hat die Nachbarschaft kein Verständnis – und mit Recht! Nach getaner Arbeit jagst du die Tiere wieder aus dem Versteck und schließt den Schieber.

Alle Ritzen und schlechten Fugen bilden ein Paradies für Parasiten

Noch einige Worte über den Bau des Terrariums. Achte von Anfang an darauf, daß jede, auch die kleinste Fuge zwischen Glas, Rahmen, Boden und eingebauten Steinen, Holzteilen usw. sauber mit Kitt oder Zement ausgestrichen wird. Sonst bilden sie einen wundervollen Unterschlupf für Parasiten; oder allerlei Futtertiere, Mehlwürmer verkriechen sich darin und machen die Öffnungen immer weiter, so daß zuletzt auch Eidechsen oder Schlangen darin verschwinden können. Damit der unschöne Zement weniger auffällt, färbst du ihn mit Eisenvitriol oder du drückst, so lange er noch weich ist, Moosbüschelchen hinein.

Trinkgefäß

Deine Pfleglinge haben auch Durst

Natürlich muß auch ein Trinkgefäß her. Dies kann je nach der Art der darin gehaltenen Tiere größer oder kleiner sein. Für gewöhnlich genügt ein kleines Glas oder Plastikgefäß mit einem Durchmesser von 6 bis 8 cm und einer Tiefe von 4 bis 6 cm vollauf. Nur während der Häutungszeit brauchen Schlangen noch ein Badebecken, wozu meist ein Blumenteller genügt. Damit die Tiere die Wassernäpfe nicht umwerfen, umgeben wir sie mit Steinen.

Kletterbaum

In einem im Zement des Felsens ausgesparten Loch befestigen wir dann noch einen Kletterast, der entweder waagrecht aus der Felsgruppe heraus oder als knorriger, verzweigter Miniaturbaum schräg aufwärts wächst. Wenn du dir besondere Mühe geben willst, kannst du jede Woche den Ast durch einen neuen mit frischem Laub oder Nadeln ersetzen. Dazu mauerst du aber vorher einen kleinen Topf als Wassergefäß ein, in den du den Ast dann stellst.

Futterklappe

Auf der dem Licht abgewendeten Seite kann man eine kleine, durch ein Schieberchen verschließbare Öffnung anbringen, um Fliegen oder andere Futterinsekten ins Terrarium zu bringen, ohne die Insassen zu stören. Zum selben Zweck kann man eben auch die Seitenscheibe als Türchen einsetzen.

Das Seilerterrarium

Das nach dem Besitzer des ehemaligen «Schlangen-Cafés» in Basel benannte Seilerterrarium ist für einzelne Tiere durchaus geeignet und hat sogar gegenüber dem althergebrachten Kastenterrarium erhebliche Vorteile. Erstens sieht es hübsch aus, ersetzt einen kleinen Tisch (steht also nie im Wege) und ist sehr leicht zu pflegen. Die darin gehaltenen Tiere sind immer sehr gut sichtbar und werden durch die ständige Nähe der auf dem Tisch hantierenden Menschen völlig handzahm.

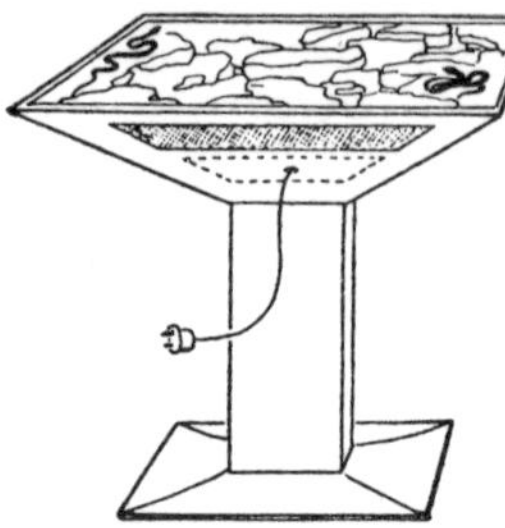

Die nebenstehende Skizze ersetzt uns lange Erklärungen. Hingegen will ich wenigstens einige Maße und Winke geben. Für einen normalen quadratischen Seilertisch braucht es einen ebenfalls quadratischen Fuß von 33 cm Kantenlänge. Darauf steht das einzige, aber sehr massive Tischbein, das vom Fuß bis zur Tischunterseite 46 cm hoch ist, wobei die Höhe des Fußes 5 bis 6 cm beträgt. Darauf kommt nun ein Kasten aus vier Sperrholzplatten zu stehen, deren Maße oben 60 cm, seitlich je 35 cm und unten 18,5 cm betragen (bei einer Tischbeindicke von ebenfalls 18,5 cm). Ein Rahmen aus vier Leisten (jede 70 cm lang, 5 cm breit und 3,5 cm dick) schließt den Sperrholzkasten oben ab und dient zugleich zur Auflage der Glasscheibe (66 × 66 cm), die man, wenn ihre Kanten geschliffen sind, nur durch kleine Metallschrauben fixiert. Sind die Scheibenränder aber nicht geschliffen, schrauben wir drei gekehlte Leistchen auf den Rahmen, unter die wir die Deckscheibe einschieben können; eine vierte, wegnehmbare Kehlleiste schließt die vierte Glasscheibe ebenfalls ab.

Maße für das Seilerterrarium

Dicht unter dem Rahmen sägen wir mit der Laubsäge an ein bis zwei Sperrholzseitenwänden kleine viereckige Öffnungen (etwa 8 × 12 cm) aus und nageln inwendig mit dünnen Leistchen ein Drahtgitter darüber. Dies ist für die Lüftung notwendig. Darunter, oder an einer anderen Seitenwand, sägen wir eine weitere Öffnung von 10 × 10 cm Kantenlänge, die wir sofort wieder mit einem Sperrholzbrettchen von 12 × 12 cm Kantenlänge, in dessen Mitte wir ein bleistiftdikkes Loch gebohrt haben, mit vier Schrauben schließen. Durch dieses Loch ziehen wir eine elektrische Leitungsschnur, an der inwendig eine Lampenfassung und außen ein Stecker angebracht sind.

Die Luftlöcher

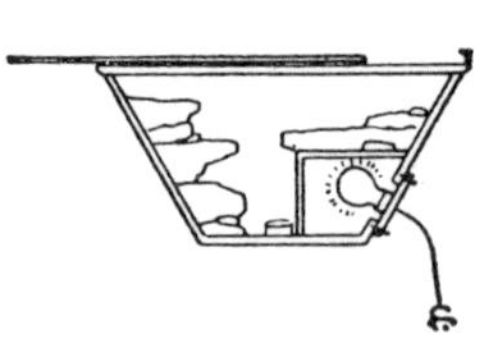

Nun können wir mit dem Ausbau des Terrariums beginnen. Zuerst streichen wir den ganzen unteren Teil des Tisches inwendig etwa bis zur halben Höhe mit Zementsandmischung 1 : 1 einen halben Zentimeter dick aus, wodurch wir das Holz vor Feuchtigkeit schützen. Dann bauen wir direkt über der wieder zugeschraubten Lampenöffnung einen hohlen, die Fassung mit Kohlenfadenlampe (10 bis 15 Watt) oder eine Heizplatte enthaltenen Felsen auf, den wir oben, etwa 6 bis 7 cm unter der Deckscheibe, mit einem flachen und 3 cm dicken Stein abschließen. Dies bildet die Heizkammer des Terrariums und zugleich den Platz, wo sich die Tiere später am meisten aufhalten sollen, und wo man sie auch am besten sieht. Hernach besetzt man die Seitenwände mit flachen Natursteinen und mauert sie zu einer möglichst natürlich aussehenden kleinen Felslandschaft. Die Bodenfläche läßt man frei und belegt sie mit Walderde, Tannennadeln oder Buchenlaub. Dorthin gehört auch das Trinkgefäß.

Ins Seilerterrarium gehören nur wenige Tiere

Dieses Terrarium können wir mit kleinen Schlangen oder Eidechsen besetzen, wegen des geringen Luftraumes nur je mit einem Pärchen. Um darin auch die lustigen Kröten halten zu können, müssen wir die ganze Einrichtung besonders gut ausbetonieren und vorher das Holz gehörig ölen.

Natürlich ist damit die Fülle der möglichen Terrarienkonstruktionen noch lange nicht erschöpft. Unser Buch will dir ja auch nur einige Winke geben, wie du es ebenfalls richtig machen kannst. Dir selber ist es nun überlassen, noch mehr Vorteile beim Behälterbau herauszubringen.

Der Scheltopusik ist eine Art Blindschleiche

Nur ist er über einen Meter lang, dicker als die größte Banane und schön schokoladebraun mit gelblichem Hals und Kopf (s. Abb. 59). Seine Haut ist, wie übrigens die der Blindschleiche auch, durch eingelegte Knochenplättchen gepanzert. Darum ist seine Bewegung unendlich viel steifer als die einer Schlange und eine Verwechslung nur schwer möglich. Für wenig Geld kann man dieses aus dem Balkan stammende, außerordentlich leicht zu haltende und trotz seiner starken Kiefer absolut harmlose Tier in den Tierläden kaufen.

Der Scheltopusik beißt niemals und ist ganz harmlos

Der Scheltopusik beißt niemals, er dreht sich höchstens um sich selber, wenn er sich unseren Händen entwinden will. Schon als ganz kleiner Junge bekam ich von meinem Vater einen mächtigen Scheltopusik, den ich in einem kleinen Wagen zum Entsetzen der braven Schaffhauser auf dem Bürgersteig spazieren fuhr. Du kannst ihn sogar frei in deinem Zimmer halten, wenn es die Mutter erlaubt und du ihn jeweils, wenn er gefressen hat, so lange in ein Terrarium sperrst, bis er seinen Unrat abgesetzt hat. Sonst halte ihn in einem möglichst großen mit Waldboden und alten Holzstrünken ausgestatteten Terrarium, das du aber bei schlechtem Wetter und natürlich auch im Winter, heizen mußt. Er lebt jahrelang und wird völlig handzahm. Füttere ihn mit Weinbergschnecken, Würmern und Mäusen; Käfer, Heuschrecken usw. nimmt er natürlich auch, und an rohes Fleisch läßt er sich gewöhnen.

Eidechsen sind Sonnentiere und brauchen viel Wärme

Eine Eidechse ohne Heizung zu halten, ist eine Schinderei. Wenigstens an trüben Tagen muß man einige Stunden am Tag heizen. Sie wird sonst nicht fressen. Hast du keine Bodenheizung im Terrarium, so kannst du auch mit einer früher beschriebenen künstlichen Sonne (aus einem Autoscheinwerfer) etwas ausrichten. Breit werden sich die Eidechsen darunter legen, sich wärmen und so ohne weiteres auch Futter annehmen. Von Zeit zu Zeit braust du den ganzen Behälter mit lauwarmem Wasser ab, besonders wenn sich die Tiere häuten wollen. Einen Rat allerdings muß ich dir geben: Setze nie viele Eidechsen zusammen. Laß es mit einem Pärchen genug sein, sonst wirst du bald nur noch Krüppel haben. Nie darfst du Smaragdeidechsen mit kleineren Arten zusammen halten. Die großen fressen den kleineren die Schwänze ab oder verschlingen sie ganz. Bleibt dir einmal ein Eidechsenschwanz in der Hand, so füttere die verstümmelte Echse gut, beobachte das Nachwachsen des neuen Schwanzes und beachte die Verschiedenheit zwischen altem und neuem Schwanz (Regenerat genannt nach dem aus dem Lateinischen abgeleiteten Wort Regeneration = Wiederersetzung).

Eidechsen können den abgefallenen Schwanz wieder ersetzen

Sicher hast du auch schon Eidechseneier gefunden!

Im Garten beim Umgraben oder auf dem Feld beim Kartoffelgraben findet man ab und zu kleine weiße, weichschalige Eier, erbsen- bis haselnußgroß und zu mehreren zusammen einfach in Erde eingescharrt. Das sind Zauneidechseneier. Als Tierfreund nimmst du keine davon heim, sondern gräbst sie wieder sorgfältig im Boden ein. Nach Tagen und Wochen (je nachdem wie lange die Eier im Boden waren) schlüpfen daraus winzige braune Eidechsen, die mit ihrem Eizahn die Schale wie mit einem Messer aufgeschnitten haben.

Wie man Eidechseneier behandelt

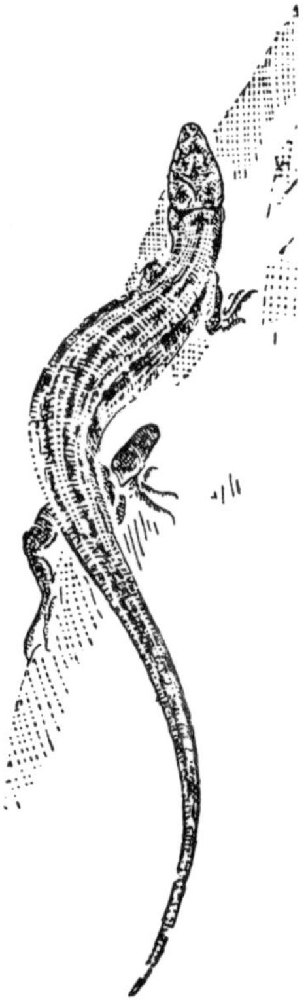

Ganz besonders schön sind fremdländische Eidechsen im Terrarium

Vom Balkan, aus Italien und seinen Mittelmeerinseln kommen ganz wundervoll gefärbte Eidechsen in den Handel, meist in Form und Größe unserer Mauereidechsen (s. Abb. 60). Ihre Pflege ist genau gleich wie die der einheimischen, nur sind sie kälteempfindlich und brauchen daher auf jeden Fall eine Heizung. Im Winter kann man sie ohne Schaden im geheizten Behälter durchfüttern, doch darf man auch ruhig eine Kältepause von ein bis zwei Monaten einschalten und die Tiere dann behandeln wie einheimische. Füttere sie mit Heuschrecken, Grillen und Mehlwürmern.

Alle Eidechsen brauchen geheizte Terrarien

Die größte Eidechse unseres Erdteils ist die Perleidechse

Laß dich nicht von einer Perleidechse beißen

Nie wirst du die *Perleidechse* (s. Abb. 62) vergessen, wenn du sie mit kühnem Griff aus der Transportkiste geholt hast und sie deine Finger zwischen ihre Kiefer bekommen hat. Gewaltige Kaumuskeln geben ihrem Maul eine unheimliche Kraft, und dazu läßt sie das, was sie einmal gepackt hat, und wenn's deine Finger sind, nicht so bald wieder los, sondern hält mit konstanter Bosheit fest, bis du sie samt dem gepackten Finger so lange unter Wasser hältst, bis ihr die Luft ausgeht.

Perleidechsen werden 60 cm lang

Bis zu 60 cm lang wird diese wunderbare, wie mit einem Perserteppichmuster geschmückte, blaugefleckte Eidechse, und es geht einige Zeit, bis sie zahm geworden ist.

Dann aber kannst du sie, ohne daß sie dich beißen oder flüchten wird, ruhig auf die Hand nehmen. Sie braucht ein ziemlich großes, gutgeheiztes Terrarium, worin sich ja keine losen Steine befinden dürfen, weil sie sie bei ihren wütenden Grabversuchen nach allen Richtungen gegen die Scheiben schmettern würde. Insekten (Mehlwürmer), Mäuse und Würmer, dazu süßes Obst, besonders Bananen, Orangen und Birnen, sind ihre Nahrung.

Wie Blindschleichen sehen die Erzschleichen, Walzenechsen und Skinke aus

Gäste aus dem Süden

Es sind aber richtige Eidechsen mit vier, allerdings fast überflüssigen, wie Anhängsel am Körper klebenden Beinchen, die beim eiligen Davonhuschen an den Leib angelegt werden. Mit Vorliebe wühlen sie sich in feinen Sand ein und heißen darum auch Sandfische. Im gutgeheizten Terrarium lassen sich diese Kinder Südeuropas und Nordafrikas leicht halten und mit Insekten ernähren.

Der Dornschwanz sieht aus wie ein lebender Kaktus

Aus dem nördlichen Afrika kommt ab und zu ein mächtiges, sehr plump gebautes Eidechsentier in den Handel, das einen mit nach hinten gerichteten Stacheln besetzten dicken Schwanz besitzt, der Dornschwanz (s. Abb. 64). Trotz seines gefährlichen Aussehens ist er ganz harmlos und kann sogar ohne weiteres in der Wohnstube frei gehalten werden. Der Dornschwanz ist sehr wärmebedürftig und braucht also eine gute Bodenheizung. Außer Insekten, jungen Mäusen usw. frißt das Tier vor allem allerlei Grünzeug, so Löwenzahnblütenköpfe und Salat. Seine Körperhaut saugt Tau und Wassertropfen auf wie ein Löschblatt.

Geckos spazieren in Südeuropa an den Zimmerdecken herum

Diese meist kleinen, an alle Hafenplätze der Mittelmeerküsten aus Afrika verschleppten, spaltäugigen Eidechsen (s. Abb. 61) haben merkwürdig verbreiterte Füße, die ihnen ein Herumspazieren an Zimmerdecken, selbst an Spiegelscheiben gestatten. Es sind ausgesprochene Nachttiere, die sich tagsüber ruhig und versteckt halten. Auch sie müssen es sehr warm haben. Ihren Behälter versehen wir mit aufrecht gestellten Steinplatten, zwischen denen die Tiere sich verstecken können, jedoch so, daß man sie wenigstens von der Seite her noch sehen kann. Man gibt jeden Tag ein paar

Küchenschaben, Fliegen, Motten und andere Kleinschmetterlinge, Spinnen (selbst Kreuzspinnen) in den insektensicher zugesperrten Behälter, worauf sogleich eine wilde Jagd anhebt.

Geckos sind gute Jäger

Die Krötenechsen Amerikas sollen Blut aus ihren Augenwinkeln spritzen

Gegen Feinde natürlich, zur Verteidigung. Selber habe ich das zwar noch nie gesehen, obwohl ich schon mehrere Krötenechsen (Horned toads der Amerikaner) pflegte.

Es sind völlig harmlose, aber unheimlich aussehende, mit Stacheln besetzte, flache breite Eidechsen, die viel Ähnlichkeit mit einer Kröte aufweisen. Früher machten Auswanderer sich den schlechten Spaß, solche Tiere zwischen zwei Kartons in einem Briefumschlag den Freunden nach Europa zu schicken. Daß sie dort lebend ankamen, zeigt, wie wenig empfindlich sie sind. Im gut geheizten Terrarium, wo sie sich in den warmen Sand einwühlen, so daß nur die Stacheln herausschauen, kann man sie jahrelang halten und mit Insekten (Ameisen!) ernähren. Einige Kakteen und Steinbrocken gehören ins Terrarium und ein Wassernapf. Krötenechsen mußt du auch im Winter warm halten und füttern.

Das Tier im Briefumschlag

Eine der merkwürdigsten Eidechsen ist das Chamäleon

Das Chamäleon kann seine Farbe wechseln

Nicht nur kann es seine Farbe wechseln, so daß es zum Beispiel auf der einen Körperseite schneeweiß ist und auf der anderen braun mit gelben Tupfen, es kann auch seine seltsam abstehenden Kegelaugen unabhängig voneinander bewegen, mit dem einen nach links oben, mit dem andern nach rechts unten blicken. Mit seiner überlangen, aus dem Maul herausschießenden Kolbenzunge leimt es seine Beute, meist Fliegen, fest und zieht sie hinein. In Europa finden sich diese Tiere in warmen Gebieten Spaniens. In den Tropen leben sie in den verschiedensten Größen und bizarrsten Formen. Alle sind so unglaublich langsam in allen ihren Bewegungen, daß sie meist tagelang ohne sich zu rühren am selben Ort sitzen und auf Fliegen lauern. Im gut geheizten Terrarium, ausgestattet mit einem dünnzweigigen Kletterbaum (wenn möglich frische Weidenzweige, die lange grün bleiben) in einem Wassertopf, kann man, wenn man täglich etwa zwanzig lebende Fliegen oder Küchenschaben (Russen, Schwaben) einsetzt, die schönsten Beobachtungen anstellen. Lange wird die Freude aber nicht währen, denn Chamäleons lassen sich meist nur wenige Monate halten. Beobachte gut, wie die Zunge und die Augen funktionieren, und achte darauf, wie sich die Farbe des Tieres blitzschnell ändert, wenn du es anfaßt, durch eine rasche Bewegung erschreckst oder es an die Sonne stellst. Bedenke aber, daß du dein Chamäleon auch im Winter mit lebenden Fliegen füttern mußt (siehe bei Fliegenzucht!). Trage das Chamäleon so oft wie möglich auf einem Zweig an die Sonne (s. Abb. 63)!

Langsame Gesellen

Das Chamäleon braucht auch im Winter lebendige Fliegen

Die meisten dieser Tiere halten eine Winterruhe

Natürlich kann man auch die europäischen Reptilien und Amphibien, die gewöhnlich einen Winterschlaf halten, warm überwintern und ihnen Futter geben. Aber einzelne Tiere werden dabei sicher zugrunde gehen. Besser ist es daher, wenn man ihnen, wie in der Natur, auch im Hause zwei bis vier Monate Winterruhe ermöglicht. Die einfachste Methode ist, das betreffende Terrarium bis an seinen Rand mit trockenem Laub oder Moos zu füllen (bei Amphibien muß dies leicht feucht sein) und dann den ganzen, wieder verschlossenen Behälter Ende Oktober in einen kalten (2 bis 8 °C) Raum zu stellen. Dort läßt du das Terrarium stehen bis Ende Februar. Dann holst du es wieder herauf, nimmst sorgfältig das Füllmaterial heraus und stellst es mit den noch steifen Tieren an die Wärme. Bald werden sie lebhafter und beginnen Wasser zu trinken, und das Leben setzt wieder ein. Denke aber daran, daß nur gut ernährte, richtig vollgefressene Reptilien und Amphibien diese vier Monate lange Hungerperiode überstehen können. Wenn du sie vorher hast hungern lassen, findest du im Frühling nur vertrocknete Kadaver in deinem Terrarium. Natürlich kannst du die Tiere auch in einem besonderen, ebenfalls mit Laub oder Moos gefüllten Behälter (Kiste) überwintern und das Terrarium an seinem Ort lassen.

Wie man die Tiere überwintert: nur gut genährte Tiere überstehen die Hungerperiode

54 Grasfrosch (Rana temporaria temporaria)
55 (Bufo bufo) Erdkröten beim Laichen
56 Wechselkröte (Bufo viridis)
57 Gelbbauchunke (Bombina variegata variegata)
58 Gebänderter Feuersalamander (Salamandra salamandra terrestris)
59 Mauergecko (Tarentola mauretanica)
60 Mauereidechse (Lacerta muralis muralis)
61 Scheltopusik (Ophisaurus apodus)
62 Perleidechse (Lacerta lepida)
63 Chamäleon (Chameleo chameleon)

54

55

56

57

58

59

60

61

62

63

Auch Schlangen sind interessant, und als Tierfreund mußt du sie kennenlernen

Jawohl, es gibt sehr viele Menschen, die sogar die vielgeschmähten, grundlos verabscheuten Schlangen lebendig in ihrem Hause halten und sich daran freuen. Und diese Leute sind deswegen nicht verrückter als jene, die einen Goldfisch, einen Kanarienvogel oder einen Mops zum Hausgenossen erwählt haben. Nein, sie sind entweder ernsthafte Forscher, die das Leben dieser Tiere studieren wollen, oder aber es sind Menschen, die eben gerade den Tieren ihre Sympathie entgegenbringen, die für andere ein Greuel sind. Eine dritte Gruppe von Menschen gibt es auch noch, die wollen unbedingt auch Schlangen zu Hause haben. Nicht weil sie sie besonders lieben oder sie gar schön finden, sondern nur um sich selber mit dieser «ausgefallenen» Liebhaberei interessant und wichtig zu machen. Abgesehen davon, daß das Halten von Schlangen nichts ist, auf das man sich etwas einbilden könnte, merkt doch jeder vernünftige Mensch dir sofort an, daß du damit nur auffallen willst. Und solche Schlangenpfleger wollen wir nicht sein.

Niemals darfst du Schlangen pflegen, um dich wichtig zu machen

Wer also nicht wirklich eine ganz besondere Freude empfindet, wenn er eine Schlange sieht, etwa so wie ein Briefmarken- oder Mineraliensammler, wenn ihm ein seltenes Stück vor Augen kommt, der lasse schön seine Hände von dieser Art der Tierhaltung weg. Aber auch, wer sich zu dieser Tiergruppe hingezogen fühlt, überlege es sich gut, bevor er sich daran wagt. Überzeuge dich zuerst, ob deine Eltern damit einverstanden sind und dann, wenn du ihre Einwilligung hast, halte Umschau, ob du alles dazu Notwendige, die Behälter, die Heizeinrichtung, die Zeit und das oft schwer zu beschaffende Futter aufbringen kannst. Überlege dir auch vorher, was für Schlangen du halten willst, und richte alles schon vorher ein, bevor du dir das Tier besorgst.

Das Terrarium ist einzurichten, bevor man sich das Tier beschafft

Lasse deine Finger weg von den Giftschlangen!

Es ist ganz selbstverständlich, daß du keine Giftschlangen nach Hause schleppen darfst! Erstens ist das Halten von Giftschlangen abhängig von einer polizeilichen Bewilligung, die nur volljährige Personen erhalten. Außerdem aber ist die Giftschlangenpflege für Jugendliche eine unverantwortlich gefährliche Angelegenheit! Da du aber in freier Natur, auch wenn du gar keine Schlangen suchen willst, damit rechnen mußt, einmal auf eine Giftschlange zu treffen, wollen wir uns auch mit diesen Tieren, soweit es nötig ist, beschäftigen.

Giftschlangen dürfen nur mit polizeilicher Bewilligung gehalten werden

64 *Dornschwanz (Uromastyx acanthinurus)*

Was sollst du tun, wenn du plötzlich vor einer Giftschlange stehst? Fortlaufen? Totschlagen? Dann schon lieber fortlaufen, obschon das gar nicht notwendig ist. Es gibt in Europa keine einzige Giftschlangenart, die dich angreifen wird, wenn du ihr nahe kommst. Nur wenn du sie trittst, dich auf sie setzt oder sie gar unverantwortlicherweise in die Finger nimmst, beißt sie vielleicht. Springen kann keine einzige Giftschlange, ebensowenig wie dich jemals eine verfolgen wird, selbst wenn du sie gereizt haben solltest. Jede hat nur *ein* Interesse, sich so rasch wie möglich an einen sicheren Ort zurückzuziehen. Vielleicht aber stehst du gerade vor ihrem Schlupfloch, und sie kann nicht hinein, also zischt sie dich an und geht nicht weg. Dann zeigst eben einfach du dich als der Gescheitere und gehst weg. Du wirst sehen, wie erleichtert sie in ihr Heim schlüpft. So passiert weder dir noch ihr etwas, und du hast ein interessantes Erlebnis gehabt. Menschen sind selbst daran schuld, wenn sie gebissen werden und wären gesund geblieben, hätten sie ihre Hände von den Schlangen gelassen.

Europäische Giftschlangen sind gar nicht angriffslustig

Der Gescheitere gibt nach

Tödliche Schlangenbisse

Meist passieren solche Unfälle, wenn man versucht, eine Schlange umzubringen. Schlangen haben ein ungemein zähes Leben, und ein abgehackter Vipernkopf kann noch nach Stunden beißen, wenn man ihn anfaßt. Warum soll man so ein nützliches – und in Ruhe gelassen – so harmloses Tier umbringen? Es hält dich kein Mensch für einen Helden, wenn du eine erschlagene Schlange an einen Stock gebunden nach Hause trägst, ebensowenig, wenn du sie lebend in einer Flasche herumzeigst. Das ist nur läppische Prahlerei. Also noch einmal: Finger weg von allen Schlangen! Überlassen wir sie ruhig ihrer mäusevertilgenden Tätigkeit, und freuen wir uns an ihr wie an jedem anderen Tier. Außerdem sind sie geschützt, auch die giftigen unter ihnen. Man darf sie weder fangen noch töten!

Es besteht kein Grund, Schlangen umzubringen

Vermeidung von Schlangenbissen

Auch wenn du keine Schlange anrührst, kann es durch einen unglücklichen Zufall dazu kommen, daß dich eine beißt. Merke dir nun folgendes: Lagere dich nie an einem unübersichtlichen, mit Heidelbeer-, Heidekraut- oder anderem niedrigen Gesträuch (Alpenrosen) bewachsenen Platz, ohne dich vorher genau umzusehen und einige Male gehörig auf den Boden zu stampfen. Dadurch treibst du dort hausende Schlangen in ihre Löcher, aus denen sie gewöhnlich nicht so bald wieder hervorkommen. Lärm vertreibt sie nicht, da sie nichts hören! Setze dich nie in schlangenverdächtigen Gegenden auf Steinhaufen oder Steinmäuerchen (besonders

Vorsicht

im Tessin!), denn dies sind beliebte Aufenthaltsorte von Schlangen. Selbst ein gewöhnlicher Feldwegrand kann gefährlich sein. Im Engadin stieß ich auf so einem Weg einmal auf mehr als ein Dutzend Kreuzottern, nur fünf Minuten von einem größeren Dorf entfernt. Auch in der Westschweiz leben oft Vipern in den Mauselöchern völlig steinloser Wald- und Feldwegränder.

Eine Schlange hat dich gebissen, was tun?
Du willst eine Blume pflücken oder ein paar Beeren sammeln, und plötzlich beißt dich ein Tier in den Finger. Untersuche nicht lange, ob es eine Schlange war oder nur eine Maus, versuche auch nicht, deine Wut an dem Tier zu kühlen, aber denke nicht leichtsinnig, es sei ja doch keine Giftschlange gewesen. Wenn dich in freier Natur etwas beißt, so handle immer so, als ob es eine gefährliche Giftschlange gewesen wäre. War es dann keine Schlange, um so besser.

Sofort unterbinden

Mit der *größten Geschwindigkeit, deren du überhaupt fähig bist,* reißt du eine Schnur aus der Tasche, oder den Gürtel vom Kleid, einen Schnürsenkel vom Schuh und wickelst das ebenso rasch hinter der Bißwunde um das gebissene Glied, so fest du überhaupt nur kannst, auch wenn's weh tut, bis du damit die Blutzirkulation unterbunden hast. Dann machst du sofort (oder läßt es von einem Freund machen) eine zweite Unterbindung weiter oben (herzwärts). Bei einem Biß in die Hand also oberhalb des Ellbogens. So verhinderst du, daß das Gift, das die Schlange dir durch ihre hohlen Giftzähne ins Blut gespritzt hat, durch das Blut im ganzen Körper verteilt wird. Darum sagte einmal ein bekannter Arzt sehr treffend, in der ganzen Unfallmedizin eile es nirgends so sehr wie bei einem Schlangenbiß. Und das ist vollkommen richtig.

Tempo, Tempo

Wartest du nur eine halbe Minute, ist die Vergiftung ungleich gefährlicher, als wenn du sofort gehandelt hättest.
Dann machst du dich sofort auf den Weg zum nächsten Arzt, wenn du weißt, daß du ihn in einer halben Stunde erreichen kannst.
Ist kein Arzt innert dieser Frist zu erreichen und bist du sicher, daß dich eine Schlange gebissen hat, so mußt du dir selber

weiterhelfen. Es ist nun nötig, daß das aufgestaute Blut in dem gebissenen Körperteil entfernt wird und mit ihm eben auch so viel wie möglich von dem Gift. Dazu mußt du die Bißwunde erweitern. Das tut weniger weh als du denkst, und zudem macht Schlangengift unempfindlich gegen Schmerzen. Ein scharfes Messer (Rasierklinge), eine Nadel, eine Glasscherbe oder einen Pflanzendorn reinigst du in Alkohol, Jod, Kölnischwasser oder über einer Streichholzflamme so gut es geht und erweiterst damit die Wunde. Natürlich darfst du aus Angst nicht etwa tief schneiden und womöglich Nerven oder Sehnen verletzen, sondern es handelt sich hier nur darum, die Haut zu durchtrennen und die Wunde zum Bluten zu bringen.

Eine notwendige Operation

Nimm darum bei Wanderungen immer eine saubere Rasierklinge im Portemonnaie und einen Meter gutes Gummiband mit!

Hast du die Wunde also vergrößert, so mache dich auf den Weg zum nächsten Ort (Arzt), und unterwegs massierst du ununterbrochen das Blut aus dem abgebundenen Glied heraus. Hast du die Möglichkeit, unterwegs zu telefonieren, lasse dir den Arzt entgegenfahren, nachdem du ihm genau angegeben hast, welchen Weg du kommst. Er wird dich finden, wenn dir Übelkeit und Ohnmacht das Weiterlaufen verunmöglichen sollten. Nimm aber keinerlei Medikamente ein außer Kaffee oder einer Coramintablette, und hüte dich vor allem vor dem vielgepriesenen Schnaps oder Wein. Alkohol hilft rein nichts, sondern setzt auf die erste noch eine zweite Vergiftung, so daß der Biß viel gefährlicher wird als ohne Alkohol. Hat sich in einer halben Stunde die Bißwunde nicht verfärbt (sie wird blauschwarz wie ein Tintenklecks), und schmerzt sie nicht, war es kein Giftschlangenbiß, und du kannst die Unterbindung lösen. Schmerzen im abgebundenen Glied rühren nicht vom Biß, sondern von der Blutstauung her. Wird aber die Bißstelle blau, und brennt sie stark, schwillt die Haut kissenartig bis glasig an, war es sicher eine Giftschlange, und du darfst nur rasch für eine Sekunde die Unterbindung lösen, um dem abgebundenen Körperteil das ernährende Blut zuzuführen, da sonst der «Brand» entstehen könnte, und mußt sie dann sofort wieder anbringen.

Hüte dich vor dem vielgepriesenen Alkohol

Bei einem Biß in das Gesäß oder gar am Körper, was außerordentlich selten vorkommt, wenn einem beim Schlafen im Freien eine Schlange unter das Hemd kriecht, kann man allerdings nicht abbinden, und da gibt es nichts anderes, als die Wunde zu erweitern, Blut auszumassieren und die Öffnung einer Feldflasche, die man erhitzt hat, um die Luft darin zu verdünnen, auf die Wunde zu pressen. Beim Abkühlen saugt die Flasche dann wie ein Schröpfkopf das

Vom Schröpfen und Aussaugen

Blut aus der Wunde. Um aus einer Glasflasche die Luft zum selben Zwecke zu entfernen, drehst du ein Stück Papier zu einer dünnen Wurst, zündest es an und steckst es, wenn es lichterloh brennt, rasch in die Flasche völlig hinein und drückst dann die Flaschenöffnung auf die Wunde. Ist keine Flasche vorhanden, lasse dir die Wunde von einem Freund aussaugen, aber nur, wenn er keine aufgesprungenen Lippen oder Zahnfleischwunden hat. Auf alle Fälle soll er vorher die gut abgetrockneten Lippen dick mit einer Creme oder Salbe (Butter) einreiben, um Hautrisse zu schließen. Das Gift schadet im Mund sonst nichts, nur wenn es ins Blut kommt.

Schlangenbisse sind keine angenehmen Erlebnisse

So, nun weißt du Bescheid und wirst hoffentlich aufpassen. Schlangenbisse sind keine angenehmen Erlebnisse, ich weiß das aus eigener, bereits dreizehnmaliger Erfahrung.

Schlangenfang ist gefährlich, darum kauf dir lieber solche Tiere im Laden!

Versuche nie, im Freien Schlangen zu fangen

Nicht einmal für den Kenner ist es leicht, in freier Natur sofort eine harmlose Schlange von einer giftigen zu unterscheiden. Darum beherzige meine dringende Mahnung: Laß die Finger weg von Schlangen in freier Natur. Kaufe sie dir beim Händler. Das kostet zwar Geld, aber es schließt die Gefahr eines Unglücks aus.

Frisch beschaffte Schlangen haben oft Hautmilben

Also setze sie nie zu anderen Schlangen oder in saubere Behälter, bevor du sie nicht von ihren Plagegeistern befreit hast. Oft sitzen diese zu Hunderten, kaum sichtbar, unter den Schuppen. Eine Schlange, die auf ihren Schuppen winzige (fliegenkotgroße) weiße Tüpfchen hat (wie Ölfarbenspritzer) beherbergt Milben. Aber auch wenn du nichts davon sehen kannst, muß man ölen. Mit eingeschleppten Milben kannst du nämlich deinen ganzen Reptilienbestand (auch die Eidechsen) zum Absterben bringen.

Schlangen werden gegen Milben geölt

Darum setze jede Schlange und jede Echse zuerst in ein Ölbad in eine Blechbüchse. Du hast vorher einen Eßlöffel von Knochenöl, im Notfall Salatöl erwärmt, damit es schön dünnflüssig wird. Durch wiederholtes Hin- und Herkippen der Büchse zwingen wir die Schlange herumzukriechen, wobei sie sich über und über mit dem Öl verschmiert. Sind mehrere Schlangen in der Büchse, so geht dies noch besser, da sie sich gegenseitig verölen, wenn sie übereinanderkriechen. Mit alten Lappen reibst du dann die Schlange wieder sauber so gut wie möglich, damit sie dir nicht die Terrariumscheiben beschmiert, wenn du sie dort einsetzt.

Baue dir von Anfang an ein zweckmäßiges Schlangenterrarium!

Schlangen sind schwierige Pfleglinge

Schlangen sind so ausgesprochen schwierige Pfleglinge (Ausnahmen bestätigen nur die Regel), daß wir unter keinen Umständen für längere Zeit (mehr als einen Sommer) mit einem behelfsmäßigen Terrarium auskommen können, ohne das Tier zu gefährden. Natürlich kann man die eine oder andere Schlange auf primitive Weise am Leben erhalten, schon weil Schlangen monatelang ohne jede Nahrung und Pflege weiterleben können. Das ist aber keine Tierpflege, sondern Tierquälerei! Ganz gleich wie beim Eidechsenterrarium müssen wir auch beim Schlangenbehälter (auch für die allergewöhnlichsten Nattern) eine Heizeinrichtung schaffen. Es ist dabei nicht unbedingt nötig, daß die Behälterluft besonders warm ist, viel wichtiger ist, daß die Schlange, besonders wenn sie aus dem Wasser kommt, immer einen gut gewärmten trockenen Platz vorfindet. Dort kann sie sich trocknen, dort findet sie die nötige Verdauungswärme, wenn sie gefressen hat. Du kannst also für die Schlangenpflege den gleichen Behälter benützen, wie wir ihn für die Eidechsen geschildert haben. Hinzu kommt nur noch ein Kletterast und, wenn der Behälter groß genug ist, eine Bepflanzung mit lebenden Pflanzen.

Schlangen müssen stets im Terrarium einen trockenen Platz finden, wenn sie aus dem Wasser kommen

Ringelnattern aus Italien oder Frankreich bekommt man im Zoogeschäft

Die Schlange, die bei uns am häufigsten vorkommt, ist die Ringelnatter (s. Abb. 65). Sie hat meist zwei gelbe oder weiße Flecken am Hals (fehlt zwar oft den über meterlangen Weibchen) und stinkt, wenn man sie anfaßt, aus zwei Stinkdrüsen an der Schwanzwurzel. Sie verzehrt ihre Beute (Frösche, Fische, Molche, Kröten) lebendig, da sie sie nicht töten kann. Eine Ringelnattermahlzeit ist daher kein erfreulicher Anblick, und du wirst deinen Pflegling so rasch als möglich an tote Nahrung gewöhnen, was bei dieser Schlange sehr bald gelingt. Tote Frösche und Fische, Streifen von Fischfleisch (sogar Meerfisch) oder mit Fischstücken vermischtes Fleisch (in Streifen geschnitten) werden bald angenommen.

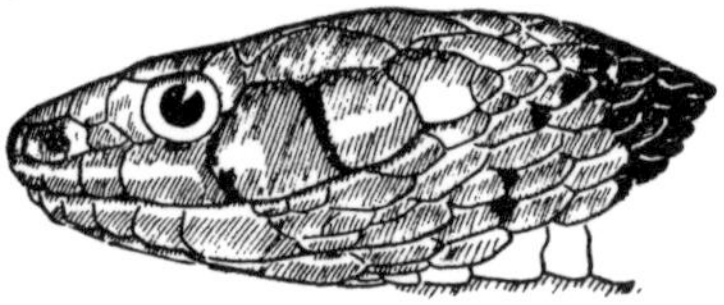

Behandlung von Ringelnattereiern

Die Ringelnattereier (bis zu fünfzig Stück) werden in nur ganz schwach feuchten Torfmull eingelegt und an einem warmen Ort (aber ja nicht an der Sonne!!!) bei 18 bis 25 °C ausgebrütet. Nach etwa fünfundsechzig Tagen schlüpfen die zierlichen Jungen, die du natürlich freiläßt. Die Aufzucht von jungen Ringelnattern erfordert viel Geduld und viel nicht so leicht zu beschaffendes Futter (kleine Elritzen), das anfangs nur lebendig angenommen wird.

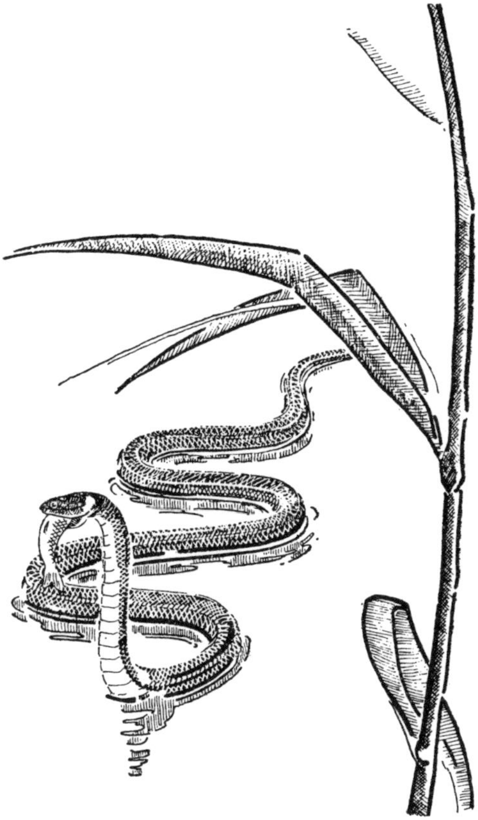

Vipernatter

Im ganzen Gebiet der Rhone lebt diese sehr schöne Verwandte der Ringelnatter (s. Abb. 66). Man kann sie im Zoogeschäft kaufen, wohin sie aus Spanien importiert worden ist. Ihre Zeichnung ist oft ganz vipern- oder kreuzotterähnlich. Vipernattern werden sehr zahm und fressen bald aus der Hand. Manche Exemplare lassen sich an dicke Regenwürmer gewöhnen und sind deshalb sehr gut zu halten. Für den Anfänger ist die Vipernatter die dankbarste Schlange, da sie fast nie Schwierigkeiten macht und sofort frißt.

Vipernattern sind einfach zu halten

Äskulapnatter
Die bronzefarbene, glänzendschuppige Äskulapnatter, das Wahrzeichen der Heilkunst, lebt im Süden und Westen in Büschen und in Häusern und ernährt sich von Vögeln, Mäusen und Eidechsen. Im warmen Terrarium ein schöner, ruhiger und dankbarer Pflegling, wird aber über 150 cm lang (s. Abb. 69).

Ganz prächtige Schlangen liefert uns das Ausland

Leopardnatter: Wohl die farbigste und prächtigste Schlange unseres Erdteils ist die auf milchkaffeefarbenem Untergrund rotgefleckte Leopardnatter. Sie ist ruhig, wenig bissig und braucht nur einen recht warmen, mit Klettergelegenheit versehenen Glaskasten. Sie frißt ausschließlich Mäuse, die sie vorher erdrosselt.

Katzennatter: Fast so schön wie die Leopardnatter, nur schwarz gefleckt auf silbriggrauem Grund. Sie frißt nur Eidechsen.

Dahlsche Natter: Die schlankste Schlange Europas, die Dahlsche Natter (Peitschennatter, Pfeilnatter) frißt nur Eidechsen, sonst wie die beiden oberen zu halten.

Eidechsennatter: Diese bis 2,5 m lang werdende, sehr lebhafte, großäugige Schlange lebt überall rund um das Mittelmeer und benötigt viel Wärme. Nahrung: Mäuse, Vögel, Eidechsen. Bei großen Exemplaren muß man sich vor dem Biß in acht nehmen, da die Eidechsennatter als Trugnatter Gift und Giftzähne (allerdings sehr kleine) hat, die uns vielleicht einmal schaden könnten. Es sind allerdings bis heute keine Unfälle bekannt, die durch den Biß dieser Schlange verursacht worden wären.

Treppennatter: Sehr schöne, aber auch sehr bissige, über einen Meter lange Schlange aus Südfrankreich und Spanien. Frißt Mäuse und Vögel. Leicht zu halten im warmen Terrarium.

Vierstreifennatter: Aus dem Balkan kommt manchmal die größte europäische Schlange, die Vierstreifennatter, zu uns. Sie ist der Treppennatter zum Verwechseln ähnlich, beißt aber fast nie. Frißt Mäuse, Vögel, Ratten und Meerschweinchen.

Girondenatter: Aus Südeuropa, ist sehr hübsch, oft rosarot gefleckt. Sie lebt von Eidechsen und jungen Mäusen (s. Abb. 70).

Riesenschlangen

Der Traum jeden Schlangenpflegers ist natürlich eine junge Riesenschlange. Sie sind manchmal in einer Tierhandlung ziemlich billig zu bekommen. Ist das Terrarium genügend warm (18 bis 30 °C) und steht ihnen ein geheiztes Badebassin (30 bis 33 °C) zur Verfügung, sind sie recht leicht zu halten. Nahrung: Mäuse, Vögel, Ratten, später Meerschweinchen und Kaninchen.

Überwinterung von Schlangen

Entweder läßt du die Schlangen Sommer und Winter in aktivem Zustand, das heißt du fütterst sie auch im Winter und heizt das Terrarium entsprechend, oder aber du überwinterst die Schlangen aus den gemäßigten Zonen (die normalerweise eine Winterruhe halten) an einem kühlen Ort. Du machst das genau gleich wie bei den Eidechsen, entweder im Terrarium selbst oder in einer besonderen Überwinterungskiste, die bis an den Rand mit Laub oder Moos gefüllt werden. Maximaltemperatur + 8 °C, Minimaltemperatur 0 °C. Denk aber daran, daß nur gut ernährte Schlangen die kalte Überwinterung ertragen!

Nur gut genährte Schlangen ertragen eine kalte Überwinterung

Transport von Schlangen und andern Reptilien

Eidechsen und Schlangen sind denkbar einfach zu transportieren. Sie brauchen wenig Luft, können tage- und wochenlang ohne Nahrung und Wasser sein und sind wenig empfindlich gegen das Herumgerütteltwerden und gegen Temperaturschwankungen. Man kann daher solche Tiere weit über Meer in gewöhnlichen Postpaketen verschicken, ohne sich dabei einer Tierquälerei schuldig zu machen. Dabei sind allerdings einige Regeln zu beachten.

Verpacke niemals ein Tier einfach in eine Schachtel oder Büchse. Stell dir vor, wie es herumgerüttelt, wie es von einer Wand zur andern geworfen würde. Das verhindert man, indem man diese Tiere immer jedes einzeln in einen mit etwas Moos versehenen Leinenbeutel packt und dann die Zwischenräume zwischen Beutel und Schachtelwänden lose mit trockenem Moos ausfüllt. So hat das Tier Halt, friert nicht, wenn's kalt ist und hat es nicht zu heiß im Sommer. Ist es aber lose in einer Blechbüchse, so kann es im Sommer einen Hitzschlag erleiden, und in der kalten Jahreszeit gibt es darin Schwitzwasser, und das Tier erkältet sich.

Wie man ein Reptil nach Hause bringt

Nehmen wir an, du findest in freier Natur während einer Reise im Ausland ein Reptil, das du heimnehmen möchtest. Zuerst behältst du es in einer Büchse oder unter einer Mütze, wo es sich in der Dunkelheit geborgen wähnt. Inzwischen füllst du etwas Moos, Gras oder Laub in einen Leinenbeutel. Dann steckst du das Tier hinein und bindest gut zu. Nun legst du den Beutel, ebenfalls mit Moos umgeben, in eine Schachtel oder Holzkiste und trägst ihn so heim. Pack ihn nicht einfach in den Rucksack oder eine Tasche, sonst zerdrückst du das Tier, wenn du dich einmal anlehnst oder Tasche oder Rucksack unsanft abstellst.

Postversand

Nimm nie eine Kartonschachtel für den Postversand, sondern Holzkistchen, die du, wie oben angegeben, packst. Achte beim Zunageln darauf, daß keine Nägel nach innen und außen vorstehen. Weder die Tiere noch die Postbeamten lassen sich gerne stechen. In jede Wand bohrst du zwei bis drei bleistiftdicke Luftlöcher. Für Versand auf weite Strecken mußt du noch je zwei Holzleisten quer über jede Wand, über Deckel und Boden nageln, um zu verhindern, daß die Luftlöcher durch andere Gepäckstücke verstellt werden. An jedes Säckchen, das du verpackst, kommt eine Anhängeadresse mit der Inhaltsangabe, damit der Empfänger seine Terrarien herrichten kann, ohne erst den Beutel öffnen zu müssen.

Freilandterrarien sind die feinsten Reptilienbehausungen

Alles bieten sie dem Tier und dir, Luft, Licht und Sonne, Regen und Schnee, genau wie in freier Natur, und darum hast du im Freilandterrarium die beste und natürlichste Beobachtungsmöglichkeit. Beachte bei allen Tierbehausungen die drei Hauptregeln: Das Tier soll sich darin wohlfühlen, es darf daraus nicht entfliehen können, und für uns Menschen soll es einen schönen Anblick bieten.

Drei Hauptregeln

Das einfachste Freilandterrarium brauchen die Schildkröten

Schildkröten

Einige Quadratmeter Rasenfläche werden mit einer 40 bis 50 cm hohen Drahtgittereinfassung umgeben. Grabe aber das Gitter mindestens 30 cm tief in den Boden ein, damit sich die Tiere nicht darunter durchwühlen. Schöner und auch besser ist das mit einem Graben und eingelassenen Holzzaun versehene Schildkrötenterrarium. Entsprechend der Bretterhöhe von 40 cm wird im Garten an einem sonnigen Platz ein etwa 50 cm breiter Graben ausgehoben, die Erde zu einem hübschen kleinen Hügel in der Mitte (und entlang des Randes) aufgeschichtet und mit Gras angesät. Der äußere Grabenrand wird mit je einem Brett, das vorher gut karboliniert wurde, verschalt, so daß der obere Brettrand

Bauanleitung

eben ist mit der Erdoberfläche (oder dem aus der ausgehobenen Erde aufgeschichteten Randwulst). Die innere Grabenkante wird schräg abgeflacht, so daß ein sanfter Anstieg von der Grabensohle zum Erdhügel entsteht. Aus Zement und hübschen Steinplatten bauen wir, tief versenkt in den Hügel, noch eine Grotte, worin sich die Schildkröten verkriechen können. Zement ist nötig, weil sonst die Steine von den Tieren bald auseinandergewühlt würden. Die Anlage eines zweckmäßigen Versteckes hält die Tiere auch ab, sich selber eines zu graben und dabei die ganze Einrichtung und Bepflanzung der Anlage zu zerstören. Damit die Schildkröten die Grabensohle nicht aufwühlen, kannst du sie mit allerlei zusammengelesenen Steinen besetzen. Du klopfst dicht aneinander die verschiedensten Steine mit einem Hammer in den Erdboden ein. Du kannst den Graben auch mit Gartenplatten belegen oder mit Backsteinen, Ziegeln oder Bodenplatten.

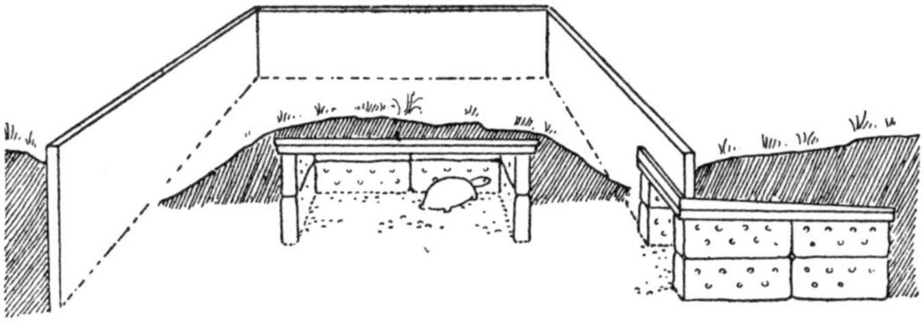

In dieser Anlage kannst du alle drei unter dem Namen griechische Landschildkröten in den Handel kommenden europäischen Landschildkrötenarten halten (s. Abb. 71). Als Futter gibst du ihnen allerlei Gemüse, Löwenzahn, Obst, Schnecken, Regenwürmer, gehacktes Fleisch, Fische usw. Willst du dort auch noch Sumpfschildkröten pflegen, so baue in die Grabensohle noch einen kleinen, etwa 20 cm tiefen Weiher ein, der eine flach ansteigende Uferseite haben muß. (Alter Spülstein mit eingemauerter Steintreppe.) Da die Sumpfschildkröten nur unter Wasser fressen, wirfst du ihnen Schnecken (auch mit Häuschen), Regenwürmer, Engerlinge, tote Fische, Fleischstücke ins Wasser. Jede Woche etwa einmal viel oder jeden Tag ein wenig. Es gibt auch gutes Trockenfutter für Schildkröten im Laden, das als Zusatznahrung sehr zu empfehlen ist.

Futter für Landschildkröten

Futter für Wasserschildkröten

Bis Ende Oktober kannst du deine Tiere ruhig in dieser Anlage lassen (Ausnahme Gebirgsgegenden mit frühem Winter). Ist die Versteckgrube tief genug, und haben sich die Tiere selber dahinein zurückgezogen (etwa 30 cm unter der

Das Überwintern

Erdoberfläche), kannst du die Schildkröten auch im Freien überwintern. Stopfe das Einschlupfloch mit trockenem Herbstlaub zu, und überdecke den ganzen Versteckhügel gut 30 cm hoch mit Laub, das du gegen die Herbststürme mit Tannenästen oder einem alten Teppich sicherst. Ende Februar räumst du das Laub dann wieder weg. Mit Ausnahme des Versteckpfropfens, den die Tiere dann selber hinausstoßen, wenn sie durch die Frühlingssonne geweckt werden.

Du kannst die Schildkröten aber auch im Keller überwintern

Eine Kiste, deren Länge, Breite und Tiefe je ungefähr das Dreifache der Schildlänge, -breite und -höhe der größten darin unterzubringenden Schildkröte haben sollte, wird bis zu einem Drittel mit feuchter (aber nicht nasser, klebender) Erde, dann bis zum Rand mit trockenem Laub oder mit Moos angefüllt. Dahinein packst du nun deine Schildkröten, nagelst den Deckel darüber, so daß einige Spalten für den nur geringen Luftbedarf der Tiere offen bleiben, und bringst die Kiste an einen möglichst kühlen Ort. Höchsttemperatur + 8 °C, Mindesttemperatur 0 °C. Ist der Raum wärmer, werden die Schildkröten lebhaft, laufen herum und brauchen dabei die im Körper aufgespeicherten Fettvorräte auf, bevor der Winter vorbei ist und verhungern dann. Erst Ende Februar holst du die Kiste wieder hervor und nimmst die Tiere heraus. Um sie anzuregen, darfst du sie in ein lauwarmes Bad setzen. Sie werden dann sogleich auch gierig trinken, während sie noch lange kein Futter zu sich nehmen. Setz sie aber nicht unmittelbar an die grelle Sonne, sondern ermögliche ihnen, sich an den Schatten zurückzuziehen.

Das lauwarme Bad im Frühjahr

Manchmal legen die Schildkröten in Gefangenschaft Eier

Macht eine deiner Schildkröten merkwürdige Bewegungen mit den Hinterbeinen, und wühlt sie damit abwechslungsweise im Boden, so störe sie nicht, merke dir aber die Stelle. Wenn du später wiederkommst, ist alles wieder eben, und nichts deutet auf die Grabarbeit des Tieres hin. Grabe nun sorgfältig nach, mit den Fingern aber und nicht mit einem Grabwerkzeug. Bald wirst du taubeneigroße, hartschalige, weiße Eier finden. Du kannst versuchen, diese Eier auszubrüten, sofern du sicher bist, ein Schildkrötenmännchen und -weibchen zu haben. Lege deine Schildkröten auf den Rücken, und betrachte ihren Bauchschild. Ist er flach oder gar nach außen gewölbt, so handelt es sich um ein Weibchen (hat auch kurzen Schwanz), ist der Schild aber leicht oder stark einwärtsgewölbt (wie ein Schüsselchen), so ist es ein Männchen (hat zudem einen längeren Schwanz). In einer mit Torf gefüllten Dose kannst du versuchen, die Eier auszubrüten. Der Behälter muß aber während fünfzig bis hundertzehn Tagen ständig auf einer Temperatur von etwa 20 bis 28° Wärme gehalten werden, entweder mittels einer elektrischen Glühlampe oder in einem Treibhaus bei einem Gärtner oder auf der warmen Stelle eines Kühlschrankes. Sumpfschildkröten sind dunkel (schwarz) gefärbt, Landschildkröten hornfarbig mit dunkler Zeichnung.

Tropische Schildkröten darfst du natürlich nur im heißen Sommer im Freiland halten

Nur bei ganz schönem Wetter dürfen deine Tropenkinder aus dem Schildkrötengeschlecht im Freien leben. Selbst bei trübem oder regnerischen Sommerwetter hole sie lieber ins Haus. So manche der herrlich schönen Strahlenschildkröten aus Madagaskar hat sich in der ersten kühlen Oktobernacht den Tod geholt. Da diese tropischen Landschildkröten keinen Winterschlaf halten, mußt du sie auch im Winter füttern. Sie brauchen aber eine Temperatur von mindestens 20 °C, und du mußt sie eben im geheizten Terrarium oder in einer mit einer Heizplatte von unten erwärmten Kiste halten. Besser aber, du läßt so heikle und teure Tiere berufeneren Pflegern und hältst dich an die europäischen oder nordamerikanischen Arten.

Strahlenschildkröte aus Madagaskar

Sumpfschildkröten

Zu eigentlichen Modetierchen sind nach dem Krieg vor allem amerikanische Sumpf- oder Schmuckschildkröten geworden (s. Abb. 26, 27, 28). Man verkauft sie unter dem irreführenden Namen «Wasserschildkröten», obwohl sie nur zur Nahrungsaufnahme und auf der Flucht das Wasser aufsuchen. Da diese Schildkröten meist als wenige Monate alte Tierchen angeboten werden, oft ebenso unrichtig als Zwergschildkröten und außerdem mit unrichtigen Haltungsangaben, sterben sie zu Tausenden. Meist werden sie in Aquarien gehalten, wo sie weder Bewegungsmöglichkeiten auf festem Boden, noch natürliches Sonnenlicht haben. Zur Bildung des Knochenskelettes aber benötigen junge Schildkröten nicht nur kalkreiche Nahrung und Vitamine, sondern unbedingt ultraviolette Strahlen, sonst wird ihr Panzer weich und verkrüppelt. Da Glas Blei enthält und darum die ultravioletten Strahlen nicht durchläßt, hat es keinen Sinn, die Tiere hinter Glas an die Sonne zu stellen. Sie benötigen ein Aquaterrarium und müssen im Sommer wo möglich ständig am Tageslicht auf einer Terrasse oder im Garten gehalten

werden. Damit die Sonne sie ausgiebig bescheinen kann, muß man den Behälter nicht mit Glas gegen Katzen, Krähen oder Eulen decken, sondern mit einem grobmaschigen Gitter. Ständig muß Wasser und ein schattiger Unterschlupf da sein, denn allzulange Sonnenbestrahlung kann den Hitzetod einer Schildkröte herbeiführen. Im Winter kann man, sofern man eine künstliche Höhensonne hat, damit das Tierchen täglich eine halbe Minute lang bestrahlen. Damit es in dieser Zeit nicht zu rasch wächst (und der Kalkaufbau des Panzers nicht mithält), darf man nur knapp füttern. Es genügt eine Fütterung pro Woche. Als Futter gibt man Regenwürmer, kleine Nacktschnecken (sofern kein Gift gestreut wurde), rohes Hackfleisch, Fischfilet, Salatblätter und das käufliche Trockenfutter. Da Sumpfschildkröten stets unter Wasser fressen und auch den Kot dort absetzen, muß das Wasser fast täglich gewechselt werden.
Aus Nordafrika und dem Balkan kommen oft auch die schwarzen oder schwarzgelb gefleckten europäischen und maurischen Sumpfschildkröten zu uns. Man hält sie wie die Schmuckschildkröten.

Auch Schlangen und Eidechsen kann man im Freilandterrarium halten

In der Anlage gleich, aber viel tiefer und aus anderem Material müssen die Freilandanlagen gebaut werden, denen wir die so leicht flüchtigen Schlangen und die flinken Eidechsen anvertrauen wollen. Glaube mir, dein Nachbar wird durchaus nicht entzückt sein, wenn er eines schönen Tages eine Natter in seinem Gemüsebeet findet oder wenn er deine Mauereidechsen in seinem Schlafzimmer fangen muß.

Nachbarn lieben keine Schlangen in ihrem Gemüsebeet

Der Schlangenpfleger muß bei der Einrichtung einer Freilandanlage ebenso vorsichtig und mit Bedacht vorgehen wie bei der Schlangenhaltung im Hause. Man glaubt gar nicht, wie sicher und rasch eine Schlange die allerletzte Möglichkeit findet, aus einem Behälter auszureißen. Obwohl der Bau eines Freilandterrariums für Schlangen ziemlich teuer ist, wollen wir dessen Ausführung in zwei Arten kurz schildern.

Das freistehende Freilandterrarium

Am sonnigsten Platz im Garten umgeben wir ein viereckiges Stück Land von mindestens 2 m Seitenlänge mit einer Mauer, die 1 m über und 0,5 m unter die Erdoberfläche reicht. Um zu verhindern, daß sie rissig wird – rauhe Stellen ermöglichen Schlangen und Eidechsen hinaufzuklettern –, muß die Mauer in Eisenbetonkonstruktion ausgeführt werden. Inwendig wird sie mit einem absolut glatten Zementverputz und ausgerundeten Ecken versehen. Ein oben überstehender Rand aus Zement, aus einem Blech- oder Glasstreifen von acht bis zehn Zentimeter Breite verunmöglicht jede Flucht eines Tieres.

Bauanleitung

Die Innenausstattung erfordert folgende Arbeiten: Zuerst graben wir an der sonnigsten Stelle ein senkrechtes, schachtartiges Loch von mindestens 1 m Tiefe und 50 cm Durchmesser. Dieses füllen wir vollständig an mit groben Schlackenstücken und Steintrümmern und zuoberst mit einer Lage grobem Kies. Es dient dem Wasserabzug bei Regen und hält die darüber errichteten Schlangenschlupfwinkel trocken. Darüber legen wir eine Anzahl Firstziegel wahllos auf den Boden und bauen nun darauf eine möglichst natürlich aussehende Felsanlage (in Form eines Trockenmäuerchens), die etwa 40 cm Höhe und 50 cm Tiefe hat. Die Zwischenräume füllen wir mit Moos oder Waldboden gut aus. Die Schlangen können sich dann selber Gänge zu den als Unterschlupf dienenden Hohlziegeln wühlen. Vor der Felsanlage schütten wir eine dicke Lage grobes Steingeröll aus einem Steinbruch breit auf. An einem anderen sonnigen Platz mauern wir einen kleinen Weiher, dessen Ablauf wir durch ein Rohr mit der unter dem Felsen ausgehobenen Senkgrube verbinden. Füllen kannst du ihn mit dem Gartenschlauch oder der Gießkanne. Durch Anpflanzen von allerlei einheimischen Trockenpflanzen geben wir der Anlage ein hübsches Aussehen. Ein kleines Tannenbäumchen, dem wir jedes Jahr die nach oben wachsenden Triebe wegschneiden, dient den Schlangen als bequeme Liegestatt. Damit ist die Anlage zur Aufnahme von einem halben Dutzend Schlangen und Eidechsen bereit. Sind wildernde Hauskatzen zu befürchten, dann mußt du das Ganze noch mit einem weitmaschigen Gitter (Hühnerhofgitter), das du auf einen Holzrahmen aufnagelst, zudecken, sonst hast du bald keine Tiere mehr.

Ans Haus angebautes Freilandterrarium

Steht dir an der sonnigen Südseite des Hauses eine freie Hauswand zur Verfügung, kannst du das Trockenmäuerchen direkt an die Hauswand anbauen, sofern sie glatt genug ist, und brauchst dann nur noch drei Mauern neu zu errichten. Wasserleitungs- und Kanalisationsanschlußmöglichkeit sind hier vorhanden. Auf alle Fälle darfst du hier das Senkloch nicht unter das Mäuerchen, also an die Hauswand anbauen, sonst läuft dir das Wasser eventuell in den Keller. Grab es an der vom Hause entferntesten Stelle aus. Alles andere machst du wie beim freistehenden Terrarium. Eine darüber montierte elektrische Lampe ermöglicht dir, auch nachts die Tiere zu beobachten, was besonders interessant ist, wenn du noch Amphibien in der Anlage hältst.

In solchen Freilandterrarien kann man alle europäischen Reptilien und Amphibien halten. Sind die Unterschlüpfe (Hohlziegel) tief genug unter dem Boden und gut mit trockenem Moos versehen, kann man alle diese Tiere auch über den Winter im Freien lassen, sofern man die Felsanlage gut mit alten Säcken, Teppichen, Tannenreisig, Stroh oder mit Laub gefüllten Säcken zudeckt. Südeuropäische Reptilien sind über den Winter nicht alle darin haltbar, weil sie nicht gewöhnt sind, sich genügend tief zu verkriechen. Deshalb nimmt man sie, vor allem Perleidechsen, Ende Oktober ins Haus.

Ein Heim für Reptilien und Amphibien

Die Fütterung der Tiere im Freilandterrarium geschieht ähnlich wie im Glaskasten. Nur ist sie ganz von der Lufttemperatur abhängig. Man füttert nur bei Sonnenschein, weil nur dann gefressen wird. Eidechsen ernähren wir hauptsächlich mit Heuschrecken, die wir einfach ins Terrarium springen lassen.

Nur bei Sonnenschein füttern

Freilandterrarium für Kröten und Frösche

Mit den amphibienfressenden Nattern können wir natürlich keine Frösche und Kröten zusammenhalten, auch keine Molche und Salamander. Für sie bauen wir eine kleine Freilandanlage (ähnlich wie für die Schildkröten) von etwa 50 cm Tiefe. Der Holzumrandung nageln wir einen Blechstreifen von etwa 10 cm Breite auf, um so das Überklettern zu verunmöglichen. Eine ebenso breite Holzlatte tut denselben Dienst. Die ganze Anlage soll ständig feucht gehalten werden. Damit die Tiere sich nicht in den Erdboden einwühlen, legen wir ihnen genügend alte Holzstrünke und Baumrindenstücke hinein, unter die sie sich verstecken können. Man achte auch darauf, daß keine Pflanzen zu dicht an der Umzäunung emporwachsen und den gerne kletternden Fröschen ein Ausreißen ermöglichen. Gefüttert wird abends, besonders bei warmem Wetter. Zuerst bebraust du die ganze Anlage mit lauwarmem Wasser, was die Tiere zum Herauskommen verlockt, und dann stellst du ihnen einen Blumenteller mit Regen- oder Mehlwürmern hin. Stelle den Teller immer an denselben Platz, und bald werden dich die Tiere immer schon dort erwarten. Selbstverständlich wird jede Salatschnecke, jeder Maikäfer und jede Spinne, die wir finden, in die Amphibienfreianlage gebracht, wo sie bald ihren Liebhaber finden werden.

Keine Pflanzen an den Rand setzen

Abends füttern

65 *Aus den Eiern schlüpfende Ringelnattern (Natrix natrix)*
66 *Vipernatter (Natrix maura)*
67 *Schling- oder Glattnatter (Coronella austriaca austriaca)*
68 *Zornnatter (Coluber viridiflavus viridiflavus)*
69 *Äskulapnatter (Elaphe longissima)*
70 *Girondenatter (Coronella girondica*

65

66

67

68

69

70

Pflege von Vögeln

Alle Vögel sind schon da!

Vogelpflege ist schwierig

Merk dir gleich zu Anfang, daß die Vogelhaltung eines der schwierigsten Kapitel der Tierpflege ist und daß nur solche Menschen Vögel anschaffen sollten, die wirklich zuverlässig und verantwortungsbewußt sind. Schlangen, Schildkröten, Echsen und die Amphibien, die auch in freier Natur manchmal wochen- und monatelang nichts fressen, sind viel besser dran als Vögel. Sie sterben sicher nicht, wenn man sie einmal zu füttern vergißt, was dem ernsthaften Tierfreund aber nie passiert. Vögel jedoch, als schnellebige, viel Nahrung in ganz kurzer Zeit verarbeitende Geschöpfe, ertragen in manchen Arten nicht einmal eine Stunde Hunger, sondern sterben sehr rasch. Ebensowenig können sie auch nur kurze Zeit ohne Wasser sein. Vögel sind sehr anfällig für allerlei Krankheiten, sie ertragen weder Luftzug noch Temperaturschwankungen, man darf sie nicht erschrecken, sonst rennen sie sich den Kopf ein, man darf sie nicht in den Händen herumschleppen, sonst sterben sie an Herzschlag oder verlieren die Federn durch Schreckmauser!

Vögel ertragen keinen Luftzug

Kurz gesagt: Nur ganz zuverlässige Kinder sollen sich Vögel halten. Sie sollen sich bewußt sein, daß zuerst der Vogel versorgt werden muß, auch wenn das schönste Wetter und die Freunde ins Freie locken.

Versorge deine Vögel stets am Morgen früh

Man macht sich zur Pflicht, den Vogel gleich am frühen Morgen mit Wasser und Futter zu versorgen. Den Bodenbelag kann man dann auch über Mittag oder abends erneuern. Das Tier hat genauso Freude am Essen wie ihr. Ihr aber geht einfach in die Küche und holt euch ein Stück Brot, der Vogel aber ist vollkommen von euch abhängig und muß warten bis ihr an ihn denkt. Einem rechten Tierpfleger schmeckt das Frühstück erst dann, wenn er hört, wie sein Hansi nebenan seine Körner aufknabbert.

So mancher wünscht sich einen Vogel, weiß aber nicht, wo er ihn hintun soll

Bevor du also auf deinen Wunschzettel für Weihnachten oder den Geburtstag einen Kanarienvogel oder einen

71 *Landschildkröte (Testudo hermanni)*

Wellensittich aufschreibst, überlege dir zuerst folgende Punkte:

Kannst du die folgenden Bedingungen erfüllen?

1. Habe ich Zeit, jeden Tag fünfzehn Minuten für den Vogel zu opfern?
2. Habe ich so viel Freude an einem Vogel, daß er mir nicht schon nach vier Wochen langweilig wird?
3. Habe ich einen guten, geräumigen Käfig?
4. Habe ich einen guten, zugfreien hellen Platz zum Aufstellen des Käfigs?

Erst wenn du hinter jede dieser Fragen ein überzeugtes, ehrliches Ja schreiben kannst, dann bleib bei deinem Wunsch.

Der Kanarienvogel und seine Pflege

Als Abkömmling des auf den Kanarischen Inseln frei lebenden Kanariengirlitzes ist der in so vielen Zuchtformen verbreitete Kanarienvogel ein Verwandter unseres einheimischen Girlitzes, des Distelfinkes, Zeisigs usw. und läßt sich mit anderen, verwandten Vögeln kreuzen. Daraus ergeben sich die vielen im Handel erhältlichen Bastarde zwischen Kanarienvögeln und Distelfinken, Zeisigen, Girlitzen, Hänflingen und sogar mit Gimpeln. Meist hält man nur einzelne Männchen wegen des hübschen Gesanges. Es gibt aber auch Kanarienarten, die man wegen ihrer absonderlichen Färbung, Körperform oder Gefiederbildung, durch die sie von den normalen abstechen, oft sündhaft teuer bezahlt. Diese Modevögel lassen wir hier beiseite und halten uns an den gewöhnlichen Kanarienvogel und die üblichen Bastarde, die man ganz gleich behandelt.

Es gibt zahlreiche Bastarde

Der Käfigplatz muß Licht, Luft und Wärme haben

Zugluft aber ist der Tod für einen Käfigvogel, darum vermeide sie immer, und wenn du zum Lüften einmal Durchzug machen willst, stelle den Käfig weg oder verhänge ihn mit einem Tuch. Sind die oben erwähnten Forderungen erfüllt (Wärme wenigstens 10 °C), ist es eigentlich gleichgültig, wo der Käfig steht. Natürlich gefällt es dem Vogel am ehesten dort, wo er Unterhaltung hat, dort wo die Familie sich aufhält, im Wohnzimmer oder in der Küche. Laß aber den Käfig ein für alle Male an seinem ihm angestammten Platz, und stelle ihn nicht wie das Radio heute dahin und morgen dorthin. Der Vogel gewöhnt sich an seine Käfigumwelt; wird sie verändert, so fühlt er sich gestört. Hingegen ist es zulässig, wenn du täglich, nur bei Sonnenschein natürlich,

Der Kanarienvogel läßt sich gerne unterhalten

Trage den Käfig nicht ständig an einen andern Platz

den Käfig während des Morgens vors Fenster stellst, um dem Tierchen die natürliche Sonne, ohne das wichtige Strahlen abfiltrierende Fensterglas dazwischen, zu bieten. Dabei mußt du aber die eine Käfighälfte mit einem Karton oder einem dunklen Tuch abdecken, damit sich der Vogel an den Schatten zurückziehen kann, wenn ihm die Sonne lästig wird. Daß du ihm nicht nur zum Trinken, sondern auch zum Baden Wasser zur Verfügung stellst, brauche ich dir wohl kaum zu sagen.

Vergiß weder Trink- noch Badewasser

Der Vogelkäfig soll nicht nur dir, sondern auch dem Vogel gefallen!
Es ist nicht wichtig, daß ein Käfig möglichst viel Verzierungen hat, daß er aufgeputzt wird mit Bogen und Schnörkeln, mit Bronzefarbe und gefärbten Glasscheiben wie ein kitschiges Gartenhaus. *Der einfachste und größte Käfig ist der beste.* So viele Vögel müssen ihr kurzes Leben in völlig unzweckmäßigen Käfigen verbringen! Schuld daran ist nicht nur die Unkenntnis und das Unverständnis vieler Leute, die sich vom Leben eines Vogels ein ganz falsches Bild machen. Die Hauptschuld trägt die Tatsache, daß so wenig vernünftige Käfige im Handel sind. Meist kauft man sie ja nicht im Fachgeschäft, sondern läßt sich durch die «gefällige» Form, den Glanz des Messings und des Chroms oder durch die so «schöne» geschweifte und verschnörkelte Bauart blenden, die ein irgendwo ausgestellter Vogelkäfig zeigt. Für den Vogel aber ist ein solches hochglanzpoliertes Möbel nichts anderes als ein Marterkasten. Überall werden die Lichtstrahlen von dem glänzenden Metall reflektiert und blenden das arme Tier, wo immer es auch sitzt. Ein Vogelkäfig braucht keinerlei Firlefanz, keine Verzierungen und Laubsägearbeiten und keine Schaukel. All das ist unschön, unnötig und gibt nur Winkel, wo sich Schmutz und Parasiten ansetzen können. Das Einfachste ist also das Beste. Ein rechteckiger Käfig, mit *senkrechten, schwarzlackierten Gitterstäben,* mit wenigstens drei Sitzstangen, einem Futter- und einem Trinkgefäß und einer herausnehmbaren Bodenschublade ist zweckmäßig. Natürlich soll der Käfig nicht nur die Größe eines Schuhkartons haben. Er muß dem Vogel doch wenigstens einen Hupfer hin und zurück erlauben.

Ein zu kleiner Käfig ist eine Tierquälerei!

Mindestmaße für den Käfig

Das Mindestmaß eines Käfigs für den Daueraufenthalt eines Kanarienvogels ist meiner Ansicht nach eine Breite von 40 cm, eine Höhe von 30 cm und eine Tiefe von 30 bis 35 cm. Was darunter ist, ist zu klein und kann höchstens für kürzere Zeit, zur Isolierung während der Brut oder während der

Käfigreinigung, verwendet werden. Natürlich stirbt ein Kanarienvogel nicht in einem kleineren Käfig, aber wohl sein kann es ihm darin nicht. Sehr vorteilhaft ist es, den Käfig unten rundherum mit etwa zehn Zentimeter hohem Glas oder Celluloidstreifen zu umfassen, um das Hinauswerfen und Hinauswehen von Staub und Körnerhülsen beim Auffliegen zu verhindern.

Sitzstangen dürfen nicht zu dick sein

Der Durchmesser der Sitzstangen (Sädel) muß dem Greifvermögen des Vogelfußes entsprechen, er darf also weder zu groß noch zu klein sein, sondern soll etwa 1 cm betragen. Je eine Stange soll vor dem Futter- und dem Wassergefäß angebracht sein, damit der Vogel im Sitzen fressen kann.

Durchmesser der Sitzstangen = 1 cm

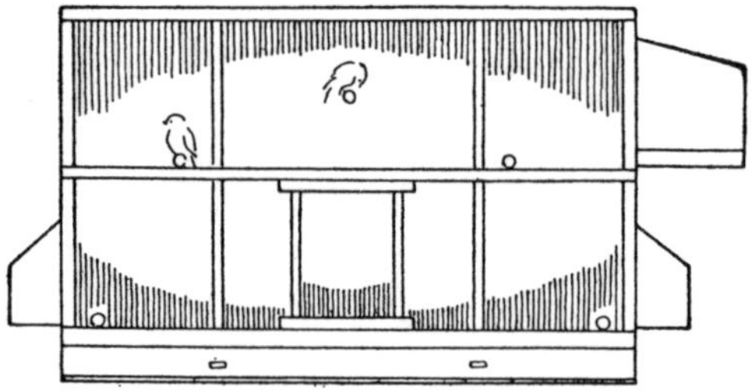

Gewöhnlich sägt man in die Sädelenden eine Kerbe ein, mit denen man sie über zwei einander gegenüberliegende Gitterstäbe einzwängt, so daß die Stange fest sitzt. Diese Methode ist am einfachsten. Besser jedoch ist es, den Sädel (wenigstens den mittleren) nur an einer Seite mit einer Klemmschraube oder einem der käuflichen Sädelhalter zu befestigen, so daß er nicht starr ist, sondern federt. Dies entspricht eher den natürlichen Sitzgelegenheiten auf schwankenden Baumzweigen und soll Fußkrankheiten verhindern. In einem sehr großen Käfig kann man auch von Zeit zu Zeit grüne Zweige der Hagenbuche oder anderer ungiftiger Bäume und Sträucher anbringen. Zugleich mit dem natürlichen Klettergerüst hat der Vogel auch noch die Möglichkeit, durch das Abpicken der Rinde den Schnabel abzunützen (zu wetzen).

Die wippende Sitzstange

Aber auch die gewöhnlichen Sitzstangen kann man dem Vogel bequemer machen, indem du sie mit Hirschleder überziehst. Du schneidest dazu einen Hirschlederstreifen, der so breit sein muß, daß er, wenn du ihn der Länge nach um den Sädel legst, mit einem Längsrand den andern um etwa einen Millimeter überdeckt. An der Stange nähst du die beiden

Die gepolsterte Sitzstange

Längsränder des Leders zusammen und ziehst dann die Stange heraus. Das Lederrohr weichst du nun in Wasser gut ein und kehrst es um wie einen Strumpf, so daß die Naht nach innen kommt. Nun kannst du das durch das Einweichen weiter gewordene Lederrohr wieder bequem über die Stange ziehen, wobei nun die Naht inwendig ist. Beim Trocknen zieht sich das Leder wieder zusammen und legt sich fest an das Holz an.

Eine so gepolsterte Sitzstange hat den Vorteil, daß sie die so oft auftretenden Fußkrankheiten der Käfigvögel, die teils auf zu harte, nicht federnde Sädel, teils zwar auch auf einseitige Ernährung zurückzuführen sind, wenn nicht ganz verhindern, so doch wesentlich harmloser verlaufen lassen.

Sitzstangen regelmäßig reinigen

Hölzerne Sitzstangen reinigt man trocken, indem man sie entweder mit einem alten Messer oder mit einer Glasscherbe abkratzt. Es gibt auch käufliche Instrumente für diesen Zweck.

Der Bodenbelag soll immer sauber sein!

Am Zustand des Bodenbelages eines Vogelkäfigs kannst du sofort sehen, ob der Käfigbesitzer ein guter Tierpfleger ist. Der Sand muß die fast flüssigen Auswurfstoffe des Vogels aufnehmen und auftrocknen und ihr Herumschmieren durch den umherhüpfenden Vogel verunmöglichen. Sandkörnchen sind ein für fast alle Vögel notwendiges Nahrungsobjekt, wobei die Körnchen jedoch nicht etwa selber als Nahrung dienen, sondern nur dem Muskelmagen helfen, die verschluckten Körner zu zerreiben und deren Verdauung zu erleichtern.

Flußsand als Bodenbelag

Am geeignetsten für die Stubenvogelpflege ist Flußsand. Aber auch gut gewaschener (daher staubfreier) Grubensand tut denselben Dienst. Hingegen ist gemahlener Sand ungeeignet, weil durch die scharfkantigen Sandkörner, besonders wenn man ihn aus falscher Sparsamkeit zu dünn streut, die Vogelfüße gereizt oder sogar verletzt werden können. Sand aus einem Fluß oder vom Seeufer ist aber durch die ständige Wasserbewegung schön rund geschliffen.

Niemals Sägemehl, Asche oder Torf verwenden

Ganz ungeeignet als Bodenbelag sind Sägemehl, Asche oder Torf. Sägemehl kann dem Vogel beim Fressen in den Magen kommen und dort gefährliche Verdauungsstörungen hervorrufen. Asche stäubt und ist ätzend, wenn sie feucht wird. Torf wäre an sich recht gut, stäubt aber stark und wird vom Vogel fortwährend beim Flattern aufgewirbelt, so daß er bald nur noch an den Rändern des Bodenbleches liegt und in der Mitte alles weg ist. Zudem enthalten diese drei Bodenbeläge die notwendigen Sandkörner nicht.

Damit der Vogel möglichst weich hüpfen kann, gibt man eine ziemlich dicke, mindestens 1 cm hohe Schicht Sand auf den Boden. Fast allgemein streut man zu wenig Sand aus Spargründen. Bei einer dünnen Sandlage hat der Vogel aber keinen weichen Boden, sondern nur eine Sandkörnerlage zwischen Fuß und Boden. Daß dies schmerzhaft sein kann und sicher nicht gut ist, kannst du selber erfahren, wenn du barfuß über eine nur schwach mit Sand bestreute Straße gehst, während dir das Herumwaten im tiefen Sand eines Strandes oder eines Badeplatzes Vergnügen macht.

Bitte nicht Sand sparen

Wenn der Vogel fußkrank ist, darfst du natürlich keinen Sand streuen

Abgesehen davon, daß es ihn schmerzen könnte, dringen die Sandkörnchen in die Wunden ein oder bleiben daran kleben, was der Heilung nicht förderlich ist. Darum entfernst du den Sand und ersetzt ihn durch ein genau auf die Bodengröße zugeschnittenes Packpapier. Nimm dazu kein Zeitungspapier, es ist zu weich, reißt gerne ein, zerfällt beim Naßwerden, und wenn der Vogel davon fressen sollte, könnte die Druckerschwärze vielleicht schaden. Ebenso ungeeignet ist auch Stoff, da sich davon leicht ein Faden lösen und sich dem Vogel um Fuß oder Hals wickeln und ihn erwürgen könnte. Wer sich die Mühe nehmen will und kann, schneidet aus einem alten Linoleumstück (noch besser Korkplatte) ein käfigbodengroßes Stück aus. Auch ein aus einem Gummituch herausgeschnittenes Stück tut den gleichen Dienst. Beide müssen täglich mehrmals mit einem feuchten Schwamm abgewaschen und mit einem Papier nachgetrocknet werden.

Bodenbelag für fußkranke Vögel

Auch der Vogel sitzt gerne an einem sauber gedeckten Tisch

Bei den meisten käuflichen Käfigen sind die Futter- und Trinknäpfe eingebaut. Bei einzeln anzuschaffenden Gefäßen achte darauf, daß sie entweder aus Glas, Steingut, Aluminium oder Kunststoff hergestellt sind. Daß die Ränder der Gefäße keine scharfkantigen Stellen haben dürfen ist selbstverständlich. Glasgefäße mit abgesprungenen Stücken gehören nie in einen Tierkäfig, sondern in den Abfalleimer. Trinkst du gerne schmutziges Wasser? Sicher nicht! Auch der Vogel nicht. Darum wechsle es wenn möglich am Morgen und dann am Mittag, es wird meistens schon wieder schmutzig sein. Vögel im allgemeinen, Körnerfresser vor allem, trinken gerne viel Wasser, besonders wenn man zu wenig Grünfutter und Obst für sie hat.

Keine blechernen Trinkgefäße verwenden

Wasser täglich mehrere Male wechseln

Frauen und Kinder überfüttern die Vögel gerne

Es scheint so einfach zu sein, Vögel zu pflegen! Man geht in den Laden, kauft sich Futter und Hansi frißt es. Das ist in der Regel auch der einfachste Weg, aber nicht der beste. Daß der Vogel ein Futter gerne frißt, ist kein Beweis dafür, daß es auch das richtige ist. Du ißt sicher mit Wonne Schlagrahm und Kuchen, aber glaubst du, es wäre gesund für dich, das jeden Tag und immer zu essen? Dem Vogel mutet man dies aber oft zu, indem man ihm fertig gemischte Futterzusammenstellungen kauft. Der Händler hat natürlich ein Interesse daran, nur solche Körner zu verkaufen, die der Vogel gerne frißt, weil er weiß, daß der Vogelnarr für seinen Pflegling keine Auslage scheut. Darum mischt er gewöhnlich viel Hanf unter die anderen Körner, und das ist für den Vogel schädlich.

Einem neu angeschafften Vogel soll man natürlich vorerst sein gewohntes Futter geben, auch wenn es nicht erstklassig sein sollte. Jeden Tag aber lassen wir etwas mehr davon weg und ersetzen es durch eine gleich große Menge des neuen, von uns gewünschten Futters, bis wir auch den letzten Rest des alten Futters weglassen können, fast ohne daß es der Vogel merkt.

Nicht zu viel Hanfsamen verfüttern

Die Hauptgefahr liegt bei den Hanfsamen. Diese ölhaltigen Körner liebt der Vogel vor allen anderen und sucht sie heraus. Sie mästen aber den Vogel so stark, daß er bald nicht mehr

Überfütterte Vögel singen nicht mehr

singen wird. Fast alle Kanarienvögel, die bei normaler Mauser auf einmal mit dem Singen aufhören, tun es wieder, wenn man sie einige Wochen hanflos gefüttert hat. Siebe also das fertig gemischte Futter erbarmungslos aus, gib deinem Hansi jeden Tag ein bis zwei solcher Hanfkörnchen. Damit freust du ihn, aber mästest ihn nicht. Hansi wirft manchmal kleine rotbraune Samenkügelchen, die Rübsaat, aus dem

Von «schnäderfräßigen» Kanarienvögeln

Napf hinaus und frißt sie nicht. Diese Samen sind aber gerade das beste Futter für ihn, auch wenn er sie nicht schätzt. Fütterst du also noch ein gemischtes Futter, so nimm über Mittag für zwei Stunden den Futternapf aus dem Käfig. Hansi ist nun durch den Hunger gezwungen, die vorher hinausgeworfenen Rübsamen zusammenzulesen und zu fressen. Das gibt ihm Bewegung, ist gesund und spart dir Futter, das sonst verloren wäre. So wirst du einen gesunden, singenden, munteren Vogel behalten. – Daß Spatzen Maikäfer fressen und Blütenknospen oder Gartenblumen abbeißen, hast du natürlich schon oft gesehen. Gerade so genügt auch dem Kanarienvogel die eintönige Körnerfütterei nicht. Er braucht Abwechslung. Darum mußt du ihm täglich etwas Grünfutter geben wie: Kreuzkraut, Vogelmiere, Hühnerdarm, Hirtentäschel, Löwenzahn, Salat (gut waschen und nachher trocknen lassen), geraspelte Möhren und Äpfel.

Während der Mauser gibst du ihm kleine weiße, frischgehäutete Mehlwürmer, Biskuit (ja nicht täglich!!), hartgekochtes Ei. Auch Haselnüsse und Walnüsse (natürlich ohne Schale) werden gerne angenommen. Mandeln erst versuchen, ob sie nicht bitter (giftig!) sind. Keine Kerne von Steinobst geben.

Auch im Winter frißt der Vogel gerne Grünfutter

Grünkost im Winter

Du findest auf jedem schneefreien Acker noch Kreuzkraut oder Vogelmiere und auf Wiesen Löwenzahn. Taue die kalten oder gefrorenen Blätter in der warmen Stube zuerst auf. Liegt aber tiefer Schnee, mußt du dein Vogelgrünfutter selber ziehen. In der Nähe des Ofens stellst du eine flache Schale mit etwas Wasser auf, worin du eine kleine Handvoll Körner eingelegt hast. Diese keimen an der Wärme bald aus, und du machst mit den frischgekeimten Körnern deinem Hansi eine besondere Freude.

Prüfe auch, ob das Vogelfutter noch gut ist

Einem Bekannten von mir sind einmal siebzig Wellensittiche in zwei Tagen zugrunde gegangen. Das von mir probierte Futter sah gut aus, schmeckte aber schlecht, wenn man einige Körner zerkaute. Zerkaue immer zuerst einige Körner von jedem neu gekauften Futter. Schmecken sie schlecht, so trage das Futter zurück. Willst du nicht selber das Versuchskaninchen sein, so säe einige Körner in einen feuchtgehaltenen Topf voll Erde, um zu sehen ob sie keimen. Tun sie das nicht, ist das Futter nicht ganz einwandfrei, obwohl es nicht unbedingt schlecht zu sein braucht.

Gutes Vogelfutter soll leicht keimen

Der Vogel braucht aber auch Kalk

Kaufe ihm eines der bekannten Fischbeine (Rückenschulp eines Tintenfisches), dessen poröses, weiches, kalkhaltiges Gewebe von ihm leicht abgepickt und gefressen werden kann. Du kannst ihm aber auch ein Stück Kalkbewurf, wie man ihn an alten Bauernhäusern noch findet, geben. Natürlich nicht etwa Gips! Im Tierladen bekommst du aber auch Kalkgemische, die du direkt verfüttern kannst.

Hansi badet gerne im Sand und im Wasser

Sorge also für genügend tiefen Sand und wechsle ihn regelmäßig. Stelle dem Vogel aber auch, besonders an warmen Tagen, ein Badegefäß zur Verfügung. Man kann sie in verschiedenen Ausführungen kaufen, teils zum Anhängen an den Käfig, teils zum Hineinstellen. Ein Blumenteller tut denselben Dienst. Schütze den nassen Vogel aber ganz besonders vor Zug, auch im Sommer.

Hansi verliert so viel Federn, er mausert

Wie alle Vögel, ersetzt auch der Kanarienvogel alle Jahre im Verlaufe einiger Wochen bis zu drei Monaten seine Federn durch neue. Dies nennt man die Mauser. Während dieser Zeit singt der Vogel natürlich nicht und muß auch besonders abwechslungsreich und gut ernährt werden. Voraussetzung für eine normale, also möglichst rasch verlaufende Mauser ist eine gesunde Körperkonstitution. Im September sollte die Mauser vorbei sein. Dauert sie noch an, ist etwas nicht in Ordnung. Man hilft dann nach mit Dampfbädern und mit spezieller Ernährung. Das Einfachste ist, du gibst deinem Hansi, sobald die ersten Federn fliegen, hartgekochtes, mit einer Rasierklinge fein gehacktes Ei, dazu zerquetschte Hanfkörner (jetzt darfst du sie verfüttern!) und täglich frisch eingeweichtes Biskuit. Dazu Grünfutter, so viel der Vogel fressen mag. Geht's dann noch nicht den richtigen Weg, erkundige dich bei einem Kanarienzüchter, er wird dir am besten raten können. Baue nach der Mauser wieder ab mit der Extraernährung, aber nicht von heute auf morgen, sondern indem du langsam immer weniger der guten Sachen verfütterst. Hüte dich vor den «Wundermitteln», die der Tierhändler anpreist!

Während der Mauser brauchen die Vögel besonders reichlich Futter

Abwechslungsreiche Kost

Die meisten dieser Pülverchen, Tröpfchen, Perlen oder wie immer sie genannt werden, enthalten Vitamine. Da ein normal ernährter Vogel davon schon genügend erhält, entsteht eine Übervitaminisierung des Körperhaushaltes. Schnabel und Krallen wachsen davon übermäßig rasch und werden zu lang. Man muß sie dann stutzen, was den Vogel aber jedesmal unnötig aufregt und ihn der Gefahr eines Herzschlages aussetzt. Diese Zusätze regen aber auch zur Unzeit den Federwechsel an, und es kann zur Dauermauser kommen. Der Vogel verliert dann das ganze Jahr hindurch ständig Federn, die ebenso andauernd durch neue ersetzt werden. Nicht nur wird dadurch der Vogel geschwächt, seine Haut wird gereizt, und er beginnt sich zuerst zu kratzen. Später rupft er sich selber Federn aus oder kaut die noch bluthaltigen neuen Federn ab, während sie keimen. Er wird nicht nur kahl, sondern verletzt sich dabei auch noch oft die Haut.

Schreckmauser

Man soll einen Vogel nur dann anfassen oder gar in die Hand nehmen, wenn er völlig handzahm ist oder wenn er aus pflegerischen Gründen festgehalten werden muß. Besonders ängstliche, aufgeregte Vögel können nämlich, wenn man sie plötzlich überraschend anfaßt, in Sekundenschnelle fast sämtliche Federn abwerfen. Man hat dann einen fast kahlen Vogel und eine Handvoll Federn vor sich und muß ihn, bis die neuen Federn nachgewachsen sind, vor Zugluft schützen.

Hansi will eine Familie gründen

Benehmen sich deine Kanarienvögel im Frühjahr etwas merkwürdig, setzt sich das Weibchen oft wie brütend in eine Käfigecke auf den Boden oder in den Futternapf, trägt es gar allerlei Zeug herum, Federn, Hälmchen und so weiter, dann wollen sie brüten. Als junger Tierfreund hast du natürlich große Freude daran und wirst den Vögeln helfen, so weit es in deiner Macht liegt. Häng ihnen also zuerst eines der kleinen Nestchen auf, die du aus dem Laden besorgst oder wenn du geschickt genug bist, selber herstellen kannst. Auf den Käfigboden streue trockene kurze Grashalme oder kurzgeschnittene Woll- oder Baumwollfäden als Nistmaterial. Emsig wird es dann eingetragen werden, und bald hast du das schönste Vogelnest in dem Körbchen. Merk dir aber, daß es die Vögel nicht besonders schätzen, wenn ein Menschenkopf ständig vor den Gitterstäben erscheint, und beim Nestbau vertragen sie dies schon gar nicht. So manche Brut kam nur darum nicht zustande, weil man allzuoft hinzutrat, um sich daran zu freuen. Also nur rasch Wasser, Futter und neues Nistmaterial geben und wieder verschwinden.

Das Wochenbett wird vorbereitet

Wie bei der Mauser füttert man auch in der Brutzeit die Vögel etwas reichlicher und abwechslungsreicher. Gib ihnen also zerquetschten Hanf (rolle eine Flasche auf einer Handvoll Hanfkörner hin und her, bis sie zerquetscht sind), eingeweichtes Biskuit, hartgekochtes, geriebenes Ei oder ein käufliches Weichfresserfutter.

Während der Brutzeit ebenfalls tüchtig füttern

Sobald Junge da sind, läßt du den Hanfsamen weg, gibst aber alles andere weiter (neben dem gewöhnlichen Körnerfutter) und sorgst dafür, daß ständig davon ein kleiner Vorrat zur Verfügung steht. Gekochtes Ei aber nicht länger als einen Tag aufbewahren, Reste selber essen.

Die Brut dauert zwölf bis fünfzehn Tage. Sind nach dieser Frist die Vögelchen noch nicht alle ausgeschlüpft, nimm die restlichen Eier mit einem Kaffeelöffelchen heraus. Oft wirft das Weibchen sie aber auch selber hinaus oder deckt sie mit Nistmaterial zu. Die Jungen werden zuerst vom Weibchen gefüttert, und zwar mit dem Insektenfutter (Eier), später weichen beide (das Männchen hilft auch mit) Rübsamen im Kropf auf und verfüttern diesen an die Jungen. Sind die Jungen aus dem Nest ausgeflattert und gehen sie nicht mehr von selber hinein, so nimm das ganze Nest heraus, und verbrenne es samt den vielleicht darin lebenden Milben.

Nach zwölf bis fünfzehn Tagen schlüpfen die Vögelchen aus

Das Nest nach Gebrauch verbrennen

Das Weibchen will die Jungen nicht großziehen

Nicht zu oft die Nase in die Kinderstube stecken

Manchmal erlebt man zu seiner Enttäuschung, daß die kleinen Kanarienvögelchen von ihrer Mutter nicht gefüttert, aus dem Nest geworfen oder sogar angefressen und verstümmelt werden. Daran kannst *du* schuld sein, wenn du allzuoft deine Nase in die Kanarienkinderstube steckst, es kann aber auch ein Ernährungsfehler vorliegen oder es ist eine dem Weibchen angeborene Untugend. Solche Weibchen sind für eine Zucht natürlich wertlos, und es ist auch nicht ratsam, die Jungen künstlich aufzuziehen, da sich diese Untugend eventuell vererben könnte.

Verwaiste Kanarienjunge kannst du aufziehen

Junge Vögel muß man täglich mindestens zwölfmal füttern

Es kann vorkommen, daß plötzlich die Mutter der kleinen Vögel stirbt. Manchmal füttert sie dann der Vater weiter. Wenn er dies aber nicht tut, mußt du für die Vogeljungen die Mutterstelle übernehmen, und das ist gar nicht so einfach. Dazu mußt du deine Mutter oder Geschwister bitten, dir, wenn du in der Schule bist, die mühselige Arbeit abzunehmen, denn ungefähr zwölfmal am Tag sollte man die ewig hungrigen Schnäbel stopfen. Damit die Jungen es schön warm haben (es deckt sie ja jetzt keine Mutter mehr) bringst du sie samt dem Nest in eine kleine Kartonschachtel und deckst sie darin mit einem *zusammenhängenden,* nirgends ausgefaserten Stück Watte. Gib aber trotzdem acht, daß sie sich nicht die Füßchen in Wattefäden verwickeln (Stoffreste sind deswegen ungeeignet).

Mische *täglich frisch* eine feinkrümelige Masse aus geriebenem Zwieback, Biskuit, hartem, ganz fein gehacktem Ei und *ungesalzenem* Quark. Rohes Hackfleisch, in Wasser getaucht, tut denselben Dienst. Nun mußt du versuchen, den Vögelchen kleine Portionen (Fliegengröße) dieses Ersatzfutters einzustoßen. Sie kommen dir da schön entgegen, indem sie ihre Schnäbelchen weit aufsperren, wenn du ihnen nahst.

Füttere mit Hilfe eines Pinsels

Nun hast du einen sauberen Spitzpinsel naß gemacht, hast ihn dann tüchtig in dem Futter herumgerührt, bis er dicht voll davon hängt. Diesen steckst du nun sorgfältig, aber rasch dem Vögelchen möglichst tief in den Schlund, streifst ihn ab und füllst ihn wieder neu.

Dasselbe kannst du auch mit einer stumpfspitzen Pinzette besorgen, wenn du sorgfältig genug bist, sonst überlaß die Fütterung mit diesem Instrument lieber den Erwachsenen.

Hansi will plötzlich nicht mehr singen

Diesen Spruch muß ich fast alle Tage hören. Geht man der Sache nach, stellt sich heraus, daß der Hansi zu fett ist (Hanf!), daß er Milben oder Federläuse hat oder daß er zu alt oder krank geworden ist. «Ein voller Bauch studiert nicht gern!» so heißt's in einem bekannten Spruch, und wenn Hansi einen kugelrunden, fettgepolsterten Bauch hat, dann singt er eben nicht mehr. Seine Federn verdecken den Speck, und darum mußt du den Vogel in die Hand nehmen (was man unnötigerweise nie tun soll!). Blas ihm am Bauch die Federn auseinander, bis du die Bauchhaut siehst. Ist diese fleischig rot, dann ist Hansi nicht zu fett, und es muß ihm etwas anderes fehlen. Ist die Bauchhaut aber gelb wie Butter, dann schimmert eben eine mächtige Speckschicht durch die dünne Haut hindurch, die nicht da sein sollte. Sie muß darum weg! Setz den Vogel also harten Herzens auf knappe Ration. Zuerst läßt du alle Hanfkörner weg. Kein Korn mehr, hörst du! Ferner kein Ei, kein Biskuit, überhaupt keine Leckereien, dafür aber viel Grünfutter und Äpfel. Zudem nimmst du dem Vogel während der Mittagszeit seinen Futternapf weg. Daduch ist Hansi gezwungen, wenn er Hunger hat, auf dem Boden des Käfigs herumzuhüpfen und die weniger beliebten Rübsamen zusammenzulesen, die er vorher hinausgeworfen hat. Damit kann er aber zugleich seinen Speck wegarbeiten.

Ein voller Bauch, der singt nicht gern

Die Abmagerungskur

Ist der Vogel struppig, oder sitzt er mit halbgeschlossenen, matten Augen zusammengesunken und aufgeblasen da, fehlt dem Tierchen etwas anderes. Kratzt er sich dazu, so hat er Federlinge (längliche Läuse), die von seinen Federn und den Hautschuppen leben, also kein Blut saugen, aber den Vogel durch ihr Herumlaufen stören, und ihm den Schlaf rauben. Hier genügt es, wenn du den Vogel zweimal innert drei Tagen gehörig mit einem ungiftigen Insektentötungsmittel (aber nicht flüssig!) einpuderst. Um die Augen des Vogels zu schonen, nimmt du ihn so in die Hand, daß Daumen und Zeigefinger ihm die Augen verdecken. Du kannst ihm aber auch einen kleinen Papierkragen anlegen.

Federlinge sind Läuse

Insektentötungsmittel

Das Insektenpulver stäubst du immer nur von *hinten her unter* das Gefieder, so daß es alles gut deckt.

Viel schwieriger sind die Milben zu vertreiben

Im Gegensatz zu den Federlingen sind die Vogelmilben (bekannt unter dem Namen Vogelläuse) richtige Parasiten, die Blut saugen und einen Vogel umbringen können. Heimtückischerweise betreiben sie ihr lichtscheues Gewerbe nur nachts, gehen dann, wenn sie sich voll Blut gesogen haben, vom Körper des Vogels weg und verkriechen sich zur Verdauung in Käfigritzen. Willst du deinen Hansi also von den Plagegeistern befreien, so puderst du ihn am Tage ein, steckst ihn dann in einen anderen Käfig (oder in eine

Milben sind Blutsauger

Kartonschachtel), den du aber ganz woanders hinstellst, ja nicht etwa an den alten Käfigplatz, der sicher ganz vermilbt ist.

Desinfektion des Vogelkäfigs

Dann mußt du den Käfig, und alles, was mit dem Vogel in Berührung kam, reinigen. Einen Metallkäfig stellst du mit allem was drin ist in den Garten, in den Hof oder in die Waschküche und gießt eine Gießkanne voll heißes Wasser darüber. Wäscht dann alles gut aus, und der Käfig ist milbenfrei. Einen Holzkäfig darfst du natürlich nicht so behandeln, sonst geht er aus den Fugen. Man muß dann jede Ritze mit Benzin oder Terpentinöl sorgfältig auspinseln. Alles andere, was mit dem Käfig in Berührung stand, muß ebenfalls desinfiziert werden, da sich auch dort Milben aufhalten, so das Decktuch des Käfigs, das Tischtuch des Käfigtischchens und das ganze Tischchen dazu. Gut ist auch, für längere Zeit den Käfig nicht mehr an die alte Stelle zu bringen, da eben auch noch an den Tapeten usw. Milben sein können.

Wie aber merkst du, ob ein Vogel Milben hat? Entweder siehst du einmal zufällig so ein winziges, ovales oder rundes blauschwarzes oder rotes Tier schnell über das Gefieder des Vogels laufen, oder du findest die Plagegeister am Morgen zwischen dem doppelt über den Käfig gehängten Decktuch. Dieses Tuch soll immer weiß sein, damit sich die daraufsitzenden Milben gut abheben. Stecke das Tuch in heißes Wasser.

Kanarienvögel singen in der Regel nur bis zum sechsten Altersjahr

Denke aber daran, daß Kanarienvögel meist mit dem sechsten Altersjahr zu singen aufhören, auch wenn sie keine Milben haben. Behandle also nicht einfach jeden Singstreik des Vogels mit der umständlichen «Milbenprozedur». Vögel, die zehn oder gar zwanzig Jahre singen, sind große Seltenheiten.

Andere Vögel für deinen Käfig

Der Wellensittich gehört zu den Papageien

Sein munteres, immer lebhaftes Wesen, seine schöne Farbe und die kinderleichte Zucht machen diesen kleinen australischen Papagei zum idealen Stubenvogel. Einzig kann dir die nimmermüde, ständig zwitschernde und plaudernde Stimme des Vogels mit der Zeit lästig werden, und in ständig bewohnte Räume gehört er nicht. Dagegen eignet er sich ausgezeichnet zur Haltung auf Terrassen und in Gartenvolieren. Hat er einen windgeschützten Platz und einen warmen Unterschlupf, so kann man ihn das ganze Jahr im Freien halten.

Als Behausung gebe man ihm einen möglichst großen Metallkäfig. Holzkäfige benagt er meistens und ruiniert sie. Obwohl die Wellensittiche gesellig leben und gerne in dichten Schwärmen beisammensitzen, kann man sie gut paarweise halten. Aufgezogene Junge werden wundervoll zahm, fliegen dir im ganzen Zimmer nach und lernen sogar sprechen. Wenn du einen Wellensittich zähmen willst, darfst du ihn aber nicht etwa in die Finger nehmen, sondern du mußt ihn so wenig wie möglich anfassen, so daß er Vertrauen zu dir faßt. Öffne ihm täglich die Käfigtüre, halte die Hand so hin, daß er beim Herausspazieren gezwungen ist, darüber zu gehen. Wenn du das ruhig und oft machst, läßt er sich bald auf deinem Finger herumtragen.

Wellensittiche werden sehr zahm

Einzelhaltung von Wellensittichen entspricht nicht deren natürlichen Lebensgewohnheiten, und wir wollen sie deshalb vermeiden. Halte Wellensittiche nach dem Motto: «Ein Vogel ist kein Vogel.»

Futter für Wellensittiche

Füttere die Wellensittiche mit einem der käuflichen Körnergemische. Man kann diese Körner auch in einem Tellerchen in Wasser keimen lassen und hat dann Grünfutter. Dazu braucht der Wellensittich aber noch allerlei andere Dinge. Wasser trinkt er wenig, soll aber stets sauberes zur Verfügung haben. Er stillt sein Bedürfnis nach Flüßigkeit hauptsächlich aus saftigen Pflanzenstoffen, die du ihm geben mußt. Löwenzahnblätter, Kreuzkraut (Vögelikraut), Vogelmiere, Salat, Baumzweige, Gras, Möhren (der Länge nach in vier Teile gespalten) und Äpfel. Lege den Vögeln auch einen Fischschulp, einen der käuflichen Vogelkalksteine oder ein Stück von einem alten Mauerverputz (kein Gips) hinein, woran sie ihren Kalkbedarf stillen können.

Wellensittiche sind Höhlenbrüter

Hänge ihnen einen Nistkasten in den Käfig, den du dir selber zimmern kannst. Ein Nistkasten, der *inwendig* 10 bis 12 cm im Quadrat Bodenfläche hat und 30 cm hoch ist, genügt vollkommen. Das Flugloch soll 5 cm Durchmesser haben, und am Boden machst du mit Gips eine kleine Mulde, damit die Eier schön beisammenbleiben und nicht in die Ecken rollen können. Wellensittiche wollen nämlich *kein* Nistmaterial im Kasten, sie brüten immer auf dem kahlen Boden. Gib ihnen also höchstens einen Fingerhut voll Sägemehl hinein.

Wellensittiche brüten auf dem kahlen Boden des Nistkastens

Wellensittiche brüten das ganze Jahr hindurch. Nachdem die erste Brut ausgeflogen ist, nimmst du ihnen den Kasten weg, sonst werden sie zu sehr geschwächt, und gibst ihn erst nach etwa zwei bis drei Monaten wieder hinein.

Männchen und Weibchen unterscheidet man an den Nasenlöchern

Nun mußt du aber noch wissen, wie du Männchen und Weibchen unterscheiden kannst. Das Männchen hat rund um die Nasenlöcher eine prächtige *blaue* Wachshaut, die des erwachsenen Weibchens ist niemals blau, sondern *honigbraun*.

Das erste Ei tut nicht, wie es soll

Junge Weibchen haben manchmal Mühe, das erste Ei abzulegen. Achte also gut darauf, ob es sich einmal irgendwo am Boden in eine Ecke drückt, sich dick aufplustert und krank aussieht. Nimm es in die linke Hand, so daß Daumen und Zeigefinger den Kopf seitlich festhalten (so kann es nicht picken), die anderen Finger aber den Vogelkörper umschließen. Mit einem Finger der anderen Hand tasten wir vorsichtig, ob sich ein Ei in der Kloakenöffnung festgekeilt hat. Das spürt man sofort und sieht es manchmal auch schon herausschauen. Nun stecken wir den Glaskopf einer großen Stecknadel (bis erbsengroß darf er sein) in Öl und fahren damit einige Male in die Afteröffnung ein und aus, nachdem wir das Ei, wenn nötig, wieder zurückgedrängt haben. Nun streicheln wir das Ei wieder gegen die Öffnung, bis man es sehen kann. Meist kommt es nun auf leichten Druck gut heraus. Hat man den Eindruck, es könne die Öffnung nicht passieren, so drücken wir es so weit wie möglich heraus, bohren es mit einer Scherenspitze oder einem Nagel an und zerdrücken es nun. Dann massieren wir die Reste heraus, und der Vogel ist gerettet.

Frei fliegen lassen in der Wohnung

Viele Vogelhalter lassen ihre Lieblinge oft stunden- oder tagelang frei im Zimmer fliegen. Das ist gewiß für den Vogel und für den Pfleger überaus nett und macht beiden Spaß. Man darf aber erst dann den Vogel frei fliegen lassen, wenn er handzahm geworden ist und sich auf dem Finger oder einem Steckchen sitzend in seinen Käfig zurückbringen läßt. Noch besser natürlich, wenn er selber heimkehrt, und darum soll er immer nur in seinem Käfig gefüttert werden, niemals außerhalb.

In Küchen sind freifliegende Vögel besonders gefährdet, weil sie durch das offene Fenster davonfliegen oder in kochendes Wasser, Milch oder gar Öl fallen können. Gut achtzig von hundert toten Vögeln, die mir zugeschickt wurden, waren im Grunde kerngesund, zeigten ihrem Besitzer aber krankheitsähnliche Symptome, weil sie an einer Gehirnerschütterung oder Gehirnblutung litten und daran starben. Solche Unfälle passieren nur in sehr großen Käfigen oder beim Freiflug, wenn der Vogel, durch irgend etwas erschreckt, zum Beispiel einen vorbeifliegenden Greifvogel,

aufflattert und sich den Kopf an der Käfig- oder Zimmerdecke anstößt.
Oft fliegen sie auch gegen Fenster, die sie nicht sehen können, wenn keine Vorhänge da sind. Also Vorsicht beim Freiflug.

Lachtauben sind afrikanische Turteltauben
Diese afrikanische Taube (vielleicht ein Nachfahre der Taube, die Noah den Ölzweig brachte) ist außerordentlich leicht zu pflegen und wird wundervoll zahm (s. Abb. 76). Sommer und Winter kann man sie im Freien halten, wenn sie nur einen windgeschützten Unterschlupf (eine alte Kiste) zur Verfügung hat. Auch im genügend großen Zimmerkäfig macht sie dir Freude, besonders wenn du sie ans Ein- und Ausfliegen und Auf-der-Schulter-Sitzen gewöhnst. Als Futter braucht sie allerlei Getreidekörner und Hirse.

Das Japanische Möwchen ist natürlich keine Möwe
Es ist ein heute nirgends mehr freilebend vorkommendes Zuchtprodukt, zu den Finken, also den Körnerfressern gehörend. Du kannst es im Handel weiß, weißbraun und weißschwarz gefleckt kaufen, und es ist leicht zu züchten. Ja, diese Möwchen sind so brav, daß man sie als Ammen für andere Finkenvögeljunge benützt. Will ein Kanarienweibchen seine Jungen nicht aufziehen, gibt man diese einer Möwchenmutter, die sie wie ihre eigenen pflegt. Als Futter verschaffe ihr feine Senegalhirse, weiße Hirse, Grünfutter (gekeimte Hirse) Biskuit oder ein käufliches Aufzuchtfutter für Insektenfresser.

Japanische Möwchen sind eigentlich Finken

Lange nicht alle Senegalfinken stammen aus dem Senegal
Unter dem Sammelnamen Senegalfinken oder Prachtfinken kommen die verschiedensten Sperlingsvögel verschiedener Erdteile in den Handel. Die häufigsten der meist prächtig gefärbten, oft winzig kleinen Vögel heißen: *Reisfink, Zebrafink, Tigerfink, Grauastrild, Schmetterlingsfink, Webervögel* (sehr viele Arten). Die Pflege dieser hier genannten Vögel ist sehr leicht und entspricht derjenigen des Japanischen Möwchens. Nur sind sie weit empfindlicher auf Zugluft. Kalte Lufttemperaturen vermögen sie aber, sofern die Abkühlung langsam erfolgt, bis zu 5 °C über Null hinab ertragen. Aber auch ein plötzliches Türenzuschlagen kann sie so erschrecken, daß sie augenblicklich vom Sädel tot zu Boden fallen. Gib ihnen, wenn du sie frisch vom Händler bringst, nur ganz wenig Wasser, denn sie stürzen sich meist sofort ins Bad, durchnässen sich ganz und erkälten sich leicht. Erst wenn sie im Käfig heimisch sind, gib ihnen mehr Wasser. Futter wie oben.

Allerlei bunte Spatzen: empfindliche Pfleglinge

72 Dompfaff (Pyrrhula pyrrhula)
73 Rotkehlchen (Erithacus rubecula)
74 Kohlmeise (Parus major)
75 Distelfink oder Stieglitz (Carduelis carduelis)
76 Lachtaube (Streptopelia roseagrisea)
77 Wachtel (Coturnix coturnix)
78 Gelbhalsmaus (Sylvaemus flavicollis)

74

75

76

77

79

80

Japanische Nachtigall ist ein Phantasiename
Sonnenvogel heißt der Vogel und kommt aus Indien. Er ist winterhart, und das Männchen ist wegen seines schönen Gesanges sehr beliebt. Auch seine Farben sind sehr hübsch. Er ist ein Insekten- und Früchtefresser (Universalfutter). Gib ihm außer dem Universalfutter halbierte Orangen, Äpfel, Birnen, Bananen oder Feigen. Er frißt auch ein wenig Körner (Hirse) und ab und zu Mehlwürmer, frische Ameisenpuppen. Im Winter kannst du ihn im Freien lassen, wenn ihm eine genügend große und mit Tannen oder Gebüsch bepflanzte Voliere zur Verfügung steht. Kleinere Käfige nimm über Nacht ins Haus, schon wegen den Katzen.

Universalfutter ist die Hauptnahrung sehr vieler Vögel in Gefangenschaft
Hast du nur wenige insektenfressende Vögel, lohnt es sich nicht, selber ein Universalfutter herzustellen; kaufe es besser fertig im Laden. Du kannst es dann durch *eigene Zugaben veredeln.* Universalfutter soll aus getrockneten und teilweise noch gemahlenen Insekten bestehen. Hauptbestandteil sind getrocknete Ameisenpuppen, dazu sogenannte Zecken (amerikanische Wasserwanzen), Weißwurm, Eintagsfliegenkörper, gemahlene Seidenraupen, Heuschrecken, Maikäfer. Leider werden diese relativ teuren Bestandteile oft ersetzt durch Fleischmehl, das durchaus nicht so zuträglich ist.

Zusammensetzung des Universalfutters

Wir tun also gut daran, das fertig gekaufte Universalfutter noch durch eigene Zusätze zu verbessern. Dazu dienen uns selber gesammelte trockene Ameisenpuppen, getrocknete und mit einer alten Kaffeemühle gemahlene Heuschrecken, Maikäfer, Küchenschaben usw. Dazu reiben wir auf dem Reibeisen jeden Tag eine Karotte oder einen Apfel, ferner ungesalzenen Quarkkäse (aus geronnener Milch selber mit einem Tuch abseihen und kühl aufbewahren) und vermischen dies mit dem Trockenfutter. Wasche täglich das Futternäpfchen gut aus, es siedeln sich sonst schädliche Schimmelpilze darin an. Dieses Universalfutter, dem wir täglich noch einige getötete und zerschnittene Mehlwürmer beigeben, ist zur Aufzucht junger Körner- und Insektenfresser, zur Haltung erwachsener (z. B. verunglückter) Insektenfresser unentbehrlich.

Zu was eine alte Kaffeemühle dienen kann

Du findest einen flugunfähigen Vogel, was tun?

In uns allen, besonders aber bei Kindern herrscht ein merkwürdiger Trieb, alles, was da kreucht und fleucht mit heimzunehmen, wenn's nicht gerade Schlangen oder

79 *Haselmaus (Muscardinus avellanarius)*
80 *Spitzmaus (Crocidura russula)*

Wespen sind. Ganz besonders gerne schleppen wir junge, aus dem Nest gefallene Vögel nach Hause, wo sie dann mangels richtiger Pflege zu Tode gehätschelt werden. Dies ist nichts anderes als der in jedem Menschen wohnende, angeborene Jagdtrieb. Wir wollen ihn nicht unterdrücken, wir können ihn aber in vernünftige Bahnen lenken. Also, wenn du einen Jungvogel am Boden sitzen siehst, nimm ihn vor allem nicht in die Hand. Das darfst du nur dort tun, wo in verkehrsreichen Straßen das Tierchen, fern von schützendem Gesträuch, am Boden gefährdet ist. Überall sonst, in den Gärten oder im Wald, in Feld oder Wiese, laß junge Vögel schön sitzen. Glaube ja nicht, daß sich die Vogelmutter allzuweit entfernt habe. Sie wartet nur ungeduldig irgendwo im Versteck, fortgeschreckt durch dein Dazukommen, bis du wieder weggehst. Also geh und mach ihr die Freude! Das erfordert einige Selbstzucht und Eindämmung der Neugierde. Denke aber daran, daß, je schneller du weg bist, um so schneller sich Mutter und Kind wieder finden. Solche anscheinend verlassenen Vögel sind meist gar nicht so verlassen. Entweder sind sie auf ihrem ersten Ausflug ermüdet zu Boden gegangen, um auszuruhen, sie wissen ja noch nichts von den Gefahren der Welt, oder aber unachtsame Menschen oder Katzen haben sie aus ihrem Nest vertrieben. Darum auch, lieber Tierfreund, bezähme dein Herz und gehe tapfer daran vorüber, wenn du, wohl versteckt in Busch oder Baum, ein Vogelnest entdeckst. Hineinschauen schadet ja allerdings nicht, aber meist bleibt's nicht nur dabei. Bald sind die Finger auch im Nest, und das ist schon schlimmer. Versuche auch nie, einen Jungvogel wieder in sein Nest zu setzen, auch wenn es genau über ihm ist. Setze ihn einfach auf einen Zweig in die Nähe, denn sonst würden nur die anderen Jungvögel auch noch aus dem Nest getrieben und statt einem Unglücksraben säßen dann deren drei, vier oder mehr am Boden. Wenn du aber siehst, wie deine Freunde oder Mitschüler junge Vögel ausnehmen oder sie plagen, dann zeige ihnen den Meister. Du kannst die Sache auch dem Lehrer oder Tierschutzverein melden. Das ist keine unschöne Angeberei, das ist Tierschutz.

Junge Vögel nicht berühren

Bezähme deine Neugier

Einem verunglückten Vogel mußt du helfen

Du findest einen erwachsenen Vogel am Boden. Er liegt oder sitzt teilnahmslos da, du siehst aber keine Verletzungen, keinen Flügel- oder Beinbruch. Er hat sich entweder den Kopf an einem Telephondraht oder sonstwo angerannt, oder er hat gegen Mäuse ausgestreuten Giftweizen, vergiftete Insekten, Schnecken usw. gefressen und sich eine Vergiftung zugezogen, oder er ist am Verhungern (im Winter). In diesen

Sehr oft ist man machtlos

Fällen bist du machtlos. Trag den Vogel heim, setz ihn an einem ruhigen Ort in eine Schachtel oder einen Käfig, gib ihm eine Schale Wasser hinein und lasse ihn dann in Ruhe. Nach zwei Stunden schaue wieder nach. Hast du den Eindruck, er möchte davonfliegen, so lasse ihn fort. Bleibt er aber sitzen, so decke die Schachtel mit einer Glasscheibe. Eine Schachtel ist geeigneter als ein großer Käfig, wo er sich beim Auffliegen verletzen könnte. In der niedrigen, überall glatten Schachtel kann er sich nirgends verletzen. Erholt sich der Vogel, so solltest du ihn füttern.

Du findest einen Vogel mit gebrochenem Flügel

Das siehst du daran, daß der eine Flügel abnormal herabhängt oder gar verdreht ist. Faß den Vogel sorgfältig an, du tust ihm sonst noch mehr weh. Sieh nach, ob kein Knochen die Haut durchbohrt hat. Steht irgendwo am Flügel ein Knochen heraus, so lasse den Vogel töten, er ginge sonst an einer Infektion jämmerlich zugrunde. Ist keine Wunde da, so lege den Flügel möglichst sanft in die normale Lage, halte ihn so fest und laß von einem Freund oder noch besser von deiner Mutter zwei Streifen Heftpflaster rund um Vogel und Flügel herumlegen, jedoch so, daß er die Beine noch gut bewegen kann. Nun liegt der gebrochene Flügel fest und kann heilen, wenn der Vogel frißt. Nach einem Monat ist der Flügel wieder heil, und du kannst mit Schere und Benzin den Verband wieder entfernen.

Ein Vogel hat ein Bein gebrochen

Findest du einen Vogel, der ein Bein gebrochen hat (oft nicht leicht festzustellen), so betupfe allfällige Hautwunden mit Jod oder Wundpuder. Aus einem dicken Federkiel, den du der Länge nach spaltest, schneidest du zwei Halbrohre, so lang wie das einzuschienende Beinstück des Vogels. Umwickle dann den gebrochenen Fuß mit einer dünnen Lage Verbandwatte und leg ihn zwischen die beiden Kielhälften hinein. Diese umwickle mit Heftpflaster, so daß das gebrochene Bein wieder einen festen Halt hat. Für größere Vögel sind Federkiele natürlich zu klein. Da kannst du entweder längsgespaltene Schilfhalme oder Holunderholz benützen, aus denen du das Mark entfernst. Auch hier das Bein gut mit Watte polstern, damit nie das gebrochene Bein direkt an der harten Schiene aufliegt. Obwohl das Bein guten Halt braucht, darfst du doch nicht zu stark umwickeln und damit den Blutumlauf behindern oder ganz unterbinden. Beobachte jeden Tag den gebrochenen Fuß. Du brauchst deswegen den Vogel nicht anzurühren.

Das gebrochene Bein wird eingeschient

Vergleiche das gesunde Bein mit dem kranken und achte besonders darauf, ob der kranke Fuß etwa braun wird und eintrocknet. Das kommt bisweilen vor, und dann muß man den abgestorbenen Fuß an der Bruchstelle mit einer sehr scharfen, nicht klemmenden Schere abschneiden. Das darfst du aber nicht selber tun, sondern bitte den Vater um diesen Dienst, oder gehe damit zum nächsten Tierarzt. Gewöhnlich sind die Nerven an der Bruchstelle völlig abgestorben, so daß die Amputation dem Tier keinerlei Schmerzen bereitet. Einen so behandelten Vogel darfst du mit gutem Gewissen wieder frei lassen. Auch mit nur einem Bein wird er sich genau so gut durch das Leben helfen wie mit beiden.

Manchmal liegt die Bruchstelle aber nicht am unbefiederten Lauf des Vogelbeines, sondern der Knochen des muskulösen und federumhüllten Unterschenkels ist gebrochen. Hier ist es aber fast unmöglich, eine Schiene anzulegen, da wir die Fleischteile des Beines nicht drücken dürfen. Solche Unglücksvögel lassen wir durch einen Erwachsenen töten.

Auch der Tierfreund muß manchmal ein Tier töten

Kinder aber sollen das nicht tun, das ist nur eine Aufgabe für erwachsene Menschen. Vögel können wir auf zwei Arten schnell und schmerzlos töten. Entweder schläfern wir sie mit Chloroform oder Äther ein, oder man wirft den kranken Vogel mit aller Wucht auf einen Steinboden. Das tönt brutal und roh, ist aber weitaus das schnellste und sicherste Mittel, um einen Vogel blitzschnell zu töten. Hat man aber Chloroform (Vorsicht, gefährliches Gift!) zur Verfügung, so schüttet man davon etwa einen Fingerhut voll in eine gutschließende Büchse und setzt den Vogel hinein. Dann klemmt man rasch den Deckel darauf und läßt die Büchse eine Stunde geschlossen. So schläft der Vogel ohne Angst oder Schmerzen ruhig ein.

Etwas Vogelkunde zum Wohle der Patienten

Vögel mit kurzem oder langem dünnem und spitzem Schnabel sind Insektenfresser

Amseln, Rotschwänzchen, Meisen (s. Abb. 74), Häher, Krähen gehören dazu. Setze ihnen Mehlwürmer, Fliegen, zerschnittene Regenwürmer, Heuschrecken, Spinnen, Maden vor. Nehmen sie diese Futter an, so mische Biskuit darunter, hartgekochtes geriebenes Ei, geriebenen Quark und endlich das käufliche Universalfutter. Größere Insektenfresser, Drosseln, Stare, Krähen, Häher usw. nehmen auch

feingehacktes Fleisch, das du mit Universalfutter mischst, damit es nicht so klebt, im Notfall mit Milch leicht eingeweichten Zwieback.

Vögel mit kurzem, kegelförmigem Schnabel sind Körnerfresser

Spatzen, Finken (s. Abb. 75), Ammern sind Körnerfresser, wenngleich sie in der Natur durchaus nicht nur von Körnern leben; wo sollten sie diese auch das ganze Jahr hindurch hernehmen? Solchen Vögeln kannst du das käufliche Kanarienvogelfuttergemisch hinstellen oder Hanfsamen allein, dazu frischgetötete gehackte Heuschrecken.

Lasse sie in Ruhe, auch wenn sie nicht gleich fressen. Denke daran, daß sie krank sein müssen, sonst hättest du sie nicht fangen können. Wer krank ist oder, wie so mancher verunglückte Vogel, ein schlimmes Erlebnis hinter sich hat, dem ist es eben nicht nach Essen. Ist die Brust des Vogels schön rundlich, kann er auch ruhig einige Stunden hungern, ist die Brust aber scharf wie der Kiel eines Bootes, ist er schon stark abgemagert und kann keine lange Hungerzeit ertragen. Da mußt du nun, wenn er nicht selber fressen will, helfen. Aber es braucht dazu einiges Geschick.

Nie zu viel auf einmal stopfen

Nimm den Vogel in die *linke* Hand, so daß Mittel-, Ring- und Kleinfinger seinen Leib umfassen und der Vogelrücken in der Handfläche liegt. Die Beine des Vogels klemmst du zwischen Mittel- und Ringfinger ein, so, daß sich der Vogel ruhig verhalten muß. Nun sind noch Daumen und Zeigefinger der linken Hand frei und müssen den Kopf des Vogels durch leichten seitlichen Druck festhalten. Mit der rechten Hand nimmst du nun eine vorn abgerundete Pinzette und schiebst damit dem Vogel vorher in Wasser getauchtes Futter in den Hals, und zwar *hinter die Zunge*. Zum Stopfen eignen sich am besten Heuschrecken oder Regenwurmstückchen. Hast du nichts anderes, kannst du auch weiches Brot (besser Zwieback!), eingeweicht in roher Milch, stopfen. Auf die Dauer ist dies aber kein geeignetes Futter, obschon man damit Krähen, Elstern und Dohlen aufziehen kann. Rohes, nasses Fleisch ist hingegen gut! Hat der Vogel das Futter geschluckt, gibst du ihm nach einer kurzen Pause eine zweite Portion. Laß dich aber niemals verleiten, aus Bequemlichkeit zu viel auf einmal zu stopfen, oder gar zwei, drei Brocken einander folgen zu lassen. Meist öffnet der Vogel von selber den Schnabel, zur Abwehr. Tut er es nicht, mußt du ihm halt mit dem Fingernagel zwischen die Schnabelränder greifen und ihn vorsichtig öffnen. Damit er den Schnabel aber nicht sofort wieder schließt, drückst du leicht die beiden Fingerspitzen von Daumen und Zeigefinger der linken Hand zwischen die Schnabelränder und führst das Futter dazwischen hinein. Das hört sich recht einfach an, ist aber schwieriger, als du denkst, und braucht einige Übung. Lebende Vögel sind aber kein geeignetes Objekt, um zu üben. Wenn es dir also nicht gleich das erste Mal gelingt, laß die Finger davon und frage Vater oder Mutter um Hilfe oder laufe zum nächsten Vogelliebhaber oder in einen Tiergarten. Singvögel können nur wenige Stunden hungern, ohne rettungslos krank zu werden; darum verschiebe deine Hilfe nie auf morgen, sondern handle sofort.

Singvögel können nur wenige Stunden hungern

Nicht alle Vögel fressen in Milch eingeweichtes Brot
Darum will ich dir in der folgenden Tabelle die allerwichtigsten Angaben machen, damit du einzelne Vögel richtig füttern kannst, wenn sie dir der Zufall in die Hände spielt.

Schnabel kurz, hakenförmig abwärts gebogen: Eulen, Raubvögel, Würger (Spatzen- bis Amselgröße) fressen Mäuse, Vögel, Insekten (Engerlinge, Käfer, Heuschrecken). Sind sie noch jung (flaumig befiedert), muß man sie die erste Zeit meist noch stopfen. Entweder schiebst du ihnen eine junge, tote, gut befeuchtete Maus in den Schlund oder ein fingerdickes 3 bis 4 cm langes Stück rohes Fleisch. Würgern gibst du Mehlwürmer. Bei Eulen und Raubvögeln darfst du ruhig deinen Finger so tief wie möglich in deren Hals stecken, um zu verhindern, daß das zu wenig tief hinabgestoßene Futter wieder ausgeworfen wird. Bei Raubvögeln mußt du dich nur vor den Krallen fürchten, nicht vor dem Schnabel. Faß sie also mit dicken Handschuhen an, oder wickle sie in ein Tuch ein.

Schnabel fingerlang oder länger, schlank, Vögel meist hochbeinig: Störche, Reiher, Rohrdommeln. Nahrung: Fische, Engerlinge, Raupen, Wasserschnecken, Regenwürmer, fingerlange Fleischstreifen. Vorsicht vor Schnabelhieben, zielen gerne nach den Augen. Also immer zuerst den Schnabel festhalten, bevor man den Vogel aufnimmt.

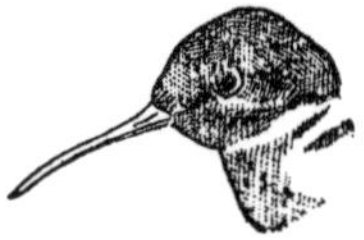

Schnabel fingerlang oder länger, meist leicht gebogen, Spitze weich (amsel- bis taubengroße Vögel): Schnepfen, Strandläufer, Brachvögel usw. fressen Regenwürmer, Mehlwürmer, eventuell rohes zündholzdick in Streifen geschnittenes Fleisch (nur selten!). Sehr schwierig zu halten, Käfig mit Tuchdecke, sonst rennen sie sich den Schädel ein.

Schnabel stark, breit, meist schwarz: Krähen, Elstern, Dohlen, Häher, Alpendohle (gelbschnäbelig, sieht aus wie große Amsel). Gib ihnen in Milch gebrocktes Brot, Fleisch, Würmer, Mäuse, Obst, Hühnerfutter.

Hühnerartige Vögel: Rebhuhn, Fasan, Steinhuhn, Schneehuhn, Birkhuhn, Auerhuhn, Haselhuhn, Wachtel (s. Abb. 77) fressen Hühnerfutter, Beeren (Birkhuhn, Auerhahn, Haselhuhn), Engerlinge, Grünzeug usw.

Tauben: Hühnerfutter, Hirse usw.

Enten: Hühnerfutter, Salat, eingeweichtes Brot.

Taucher und andere fischfressende Wasservögel fressen meist nicht selber. Bring sie dem nächsten Tiergarten (Expreß schicken!).

Spechte: Insekten, Mehlwürmer, Heuschrecken, Universalfutter.

Kuckuck: Raupen, Mehlwürmer, Heuschrecken, Universalfutter mit wenig gehacktem Fleisch.

Schwalben und Mauersegler: Sie fangen ihre Nahrung fliegend in der Luft und sind nicht gewöhnt, Nahrung vom Boden aufzunehmen. Daher fressen sie selten allein in der Gefangenschaft. Zuerst versuchst du, ob sie noch fliegen können (wenn nicht der eine Flügel unnatürlich niederhängt) und wirfst sie vor dem Hause in die Luft. Oft fliegen sie dann lustig davon. Fallen sie wieder zu Boden, so mußt du sie halt stopfen, was nicht so schwierig ist. Füttere möglichst oft Fliegen und Mehlwürmer, Raupen und rohes nasses Hackfleisch, denn diese Vögel sind gewöhnt, viel zu fressen. Ist ein Flügel aber völlig gebrochen, so bitte einen Erwachsenen, daß er den Vogel rasch und schmerzlos tötet.

Schnabel sich überkreuzend: Kreuzschnabel, frißt frische Tannzapfen und Körner wie Finken. Wenn du nun glaubst, du wüßtest jetzt genug von der Vogelpflege, so bist du sehr eingebildet, denn hier stand nur das Allernotwendigste.

Erkundige dich also immer noch zuerst bei einem Vogelkundigen, bevor du einen kranken Vogel längere Zeit zu Hause halten willst.

Das Gefangenhalten der einheimischen Vögel ist verboten

Nur kranke Vögel nach Hause nehmen

Aber nicht nur darum sollt ihr niemals Vögel aus dem Wald mit heimnehmen. Viele Jungvögel gehen alljährlich zugrunde, weil sie von Kindern aus den Nestern genommen und nach Hause geschleppt werden. Also nur kranke Vögel mitnehmen und dann sofort bei einem Forstamt die Bewilligung einholen, daß du sie auch ungestraft zu Hause halten darfst.

Vogelschutz

Im Winter mußt du manchmal den freilebenden Vögeln helfen
Erwarte aber nicht, daß ich dir nun rate, zentnerweise Vogelfutter in den Wald hinaus zu fahren, um den Vögeln im Winter einen gedeckten Tisch bieten zu können. Wer hat wohl für die Vögel in früheren Zeiten im Winter Futter gestreut? Niemand! Und doch haben sie sich seit Jahrtausenden bis in unsere Zeit erhalten, weil sie eben gewöhnt sind, auch im strengsten Winter sich ihr Futter, wenn auch mühevoll, zu suchen. Eigentliche Hungersnot gibt es bei den normalerweise bei uns überwinternden Vögeln nur in ausnahmsweise strengen Wintern, entweder bei überaus langdauerndem Schneefall oder bei längerer Vereisung von Bäumen und Boden (Glatteis). In normalen Wintern findet unsere gefiederte Sängerschar zwischen den Rindenspalten der Bäume, am Boden unter dem Laub, unter überhängenden Wegrändern, an Fluß- und Bachufern genügend überwinternde Insekten, deren Eier, Larven oder Puppen. Alle die Vögel, die sich auf diese Weise nicht ernähren können, ziehen darum aus unserer Gegend fort.

Hungersnot gibt es für Vögel nur in ausnehmend schweren Wintern oder bei andauerndem Glatteis

Füttere die Vögel nur dann, wenn es wirklich nötig ist, also nur bei länger liegender Schneedecke und bei Glatteis. Vor Neujahr ist das Füttern überhaupt unnötig. Bei tiefem Schnee aber tust du den Vögeln einen großen Liebesdienst, wenn du ihnen unter Sträuchern und Bäumen (besonders unter niederen Tannen an Waldrändern) den Schnee wegräumst, so daß sie dort all das Kleingetier zusammensuchen können, das den Winter verschlafen will. So nützt du dem Vogel und deinem Garten.

Nicht vor Neujahr füttern

Am Futterhäuschen kannst du die Vögel kennenlernen

Baue dir ein Futterhäuschen vors Fenster oder im Garten, aber streue erst dann Futter, wenn es nötig ist. Jetzt kannst du die gefiederten Gäste beobachten, wie sie fressen und wie sie zanken.

Zum Füttern kannst du allerlei Sämereien verwenden, die du im Herbst selber gesammelt hast. Wegerichstengel, Hirtentäschelkapseln, gehackte Bucheckern oder Kürbiskerne; auch Apfelkerne darfst du füttern, jedoch nicht Aprikosen-, Kirsch- und Pflaumenkerne, da vielleicht das darin enthaltene Gift schaden könnte. Von den gekauften Sämereien sind besonders Hanfsamen, Sonnenblumenkerne, Pinienkerne (etwas hacken) sowie Nußkerne beliebt. In einem besonderen Tellerchen kannst du auch Fettgrieben hinstellen, die von Meisen und Spechten gerne gefressen werden. Auf eines aber achte genau: Stelle dein Futterhaus auf einen hohen Pfahl, den du unterhalb des Häuchens mit Dornen oder Stacheldraht sicherst, so daß keine Katze daran kommen kann.

Meisen sind große Fettliebhaber

Für die Meisen und Spechte kannst du an einen Pfahl, eine Telephonstange oder an den Fensterladen mit zwei bis drei Stiften eine Speckschwarte mit der Fettseite nach außen anbringen. Bald werden die erwähnten Vögel eifrig daran fressen. Eine ganz raffinierte «Platte» kannst du diesen Vögeln aber servieren, wenn du Rindertalg oder ranziges Fett zur Verfügung hast. Dieses schmilzt du in einer alten Pfanne und rührst, wenn es dünnflüssig geworden ist, allerlei Sämereien, besonders Hanf und Sonnenblumenkerne, Nußkerne, getrocknete Vogel-, Holunderbeeren und Weinbeeren hinein, bis eine gleichmäßige Masse von Fett und Zugaben entstanden ist. In eine große runde Käseschachtel hast du vorher einen Kartonring oder eine kleinere runde Käseschachtel gelegt und gießt nun mit der Fettfuttermasse den Zwischenraum zwischen den beiden Schachteln aus, so daß ein Fettring entsteht. Wenn die Masse hart geworden ist, löst du die äußere Schachtel vorsichtig ab. An dem durch die innere Schachtel ausgesparten Loch kannst du den Futterring an einen Baumast stecken oder an einer durchgezogenen Schnur aufhängen.

In Netzsäckchen kannst du auch Nußkerne, Haselnüsse und Mandeln einfüllen und es ans Fenster hängen.

Deiner Phantasie werden sicher noch viele ähnliche Fütterungsmethoden einfallen, so daß wir uns weitere Angaben sparen können.

Wenn im März viel Schnee fällt, verhungern die Zugvögel zu Tausenden

Alle paar Jahre kann es vorkommen, daß im März, wenn schon die Drosseln, die Stare und viele andere Zugvögel zurückgekehrt sind, noch einmal Schnee fällt. Bleibt er auch nur wenige Tage liegen, so verhungern die Vögel zu Tausenden. Aber nicht nur Drosseln und Stare, auch Lerchen, Grasmücken, Sumpfvögel, ja, viele Raubvögel werden durch den Schnee von ihrer Nahrungsquelle abgeschnitten. Hier gilt nun kein langes Besinnen, hier müssen wir sofort helfen. Unsere Körnerfütterei nützt dabei aber kaum etwas, denn in Not sind ja die Insektenfresser, die meist keine Körner annehmen. Wir müssen also die natürlichen Nahrungsquellen vom Schnee befreien. Mit Rechen, Besen und Schaufeln ziehen wir hinaus an die Waldränder und säubern möglichst große Flächen völlig vom Schnee, kratzen das Laub am Waldboden noch auf und rechen vor allem unter niedrigen Bäumen und Sträuchern den Schnee weg. Bald suchen die Vögel dort die Insekten zusammen. Bittet die Bauern, jetzt mit der Jauche aufs Feld zu fahren, um damit den Schnee wegzutauen, ganz abgesehen davon, daß in der Jauche selbst viele Insektenlarven (Güllenrugger) vorhanden sind, die von den Vögeln dankbar angenommen werden. Man bitte ferner die Förster und Bauern, die Wald- und Wiesenbäche zu stauen und über die Ufer zu leiten, so daß auch so der Schnee auf weiten Flächen weggetaut wird. Der Einzelne kann hier ja nicht viel ausrichten, das sind Aufgaben für Pfadfinderorganisationen, für Schulen und Vereine.

Hilfe ist notwendig

Bauern und Förster müssen auch helfen

Als vor vielen Jahren in Schaffhausen ein solches Massensterben von Singvögeln wegen eines Märzschneefalls anhub, da lief mein Vater von einer Amtsstelle zur andern und stellte den Behörden die Lage dar. Und das Wunder geschah! Am andern Morgen schon zogen alle Schaffhauser Schulklassen unter Leitung ihrer Lehrer hinaus in Wald und Feld. Jedes Kind hatte irgendein Schneeräumungsinstrument von daheim mitgenommen, und nun hub ein Schneeräumen an, wie man das noch nie erlebt hatte. Aber auch die Forstbehörden wiesen alle ihre Arbeitskräfte an, dasselbe zu tun, und sie veranlaßten vor allem ein Überfluten des Geländes, wo immer dies möglich war. Und der Erfolg? Den hättet ihr sehen sollen! Tausende und Abertausende von Drosseln, Staren, Lerchen und kleineren Sumpfvögeln sammelten sich auf den schneefreien Plätzen, daß man oft kaum den Boden mehr sah, und sie zeigten gar keine Scheu mehr vor uns Menschen. So schwach waren sie vor Hunger, daß sie sich

Eine großartige Aktion

massenhaft von Hühnern totpicken und anfressen ließen. Seither hat sich auch das Schweizer Radio in diesen Tierschutzdienst gestellt und ruft jeweils in solchen gefährlichen Momenten die Bevölkerung zur Hilfe auf. Hört auf diesen Ruf!

Brauchen die Vögel im Winter auch Wasser?

Selbst im kältesten Winter braucht der Vogel Wasser zum Leben. Die Vögel aber, die sich im verschneiten Gelände am Bachrand aufhalten, sind nicht nur wegen des Trinkens dorthin gekommen, sondern hauptsächlich wegen der dort möglichen Nahrungssuche. Der durstige Vogel nimmt im Winter nämlich ganz einfach Schnee auf. Meist gelangt ja mit dem Futter auch etwas Schnee in den Schnabel und liefert aufgetaut das nötige Wasser.

Es ist also ganz unnötig, den Vögeln im Winter Wasser hinzustellen. Auch wenn kein Schnee liegt, so ist das Aufsuchen eines eisfreien Bachlaufes oder Flusses für den mit schnellen Flügeln ausgestatteten Vogel kein Problem.

Nur nicht etwa warmes Wasser hinstellen

Laß dich darum nie verleiten, den Vögeln zum Futter noch etwa warmes Wasser hinzustellen. Das könnte den Vogel nämlich nicht nur zum Trinken reizen, sondern zum Baden verleiten. Sein Gefieder würde naß, es könnten Federn zusammenfrieren und den Vogel bei der Flucht behindern. Wenn du aber trotzdem Wasser hinstellen möchtest, so gib eiskaltes, auch wenn es bald gefriert.

Auch im Sommer ist Vogelschutz wichtig

Vogelschutz scheint in der nahrungsliefernden Sommerszeit ziemlich überflüssig zu sein. Dem ist aber nicht so. Es gibt so viele Möglichkeiten, wo der Mensch bewußt oder unbewußt den heimischen Vögeln großen Schaden zufügt. Solchen Schaden zu verhindern oder zu mindern kann jedes Schulkind beitragen. Du brauchst dir nur vorzunehmen, überall und wo du verkehrst, sei es daheim, in deiner Schulklasse oder unter deinen Spielkameraden, für die Vögel (und überhaupt für die Tiere!) einzustehen. So tust du deine Pflicht gegenüber der Natur, gegenüber anderen Menschen und auch gegenüber deinem Gewissen. Oder glaubst du, daß es dir wohl wäre, wenn du einer Vogelmutter ihre Jungen geraubt hättest?

Vogelnester auszunehmen sind keine Heldentaten

Es ist keine Heldentat, ein Vogelnest auszunehmen, weil einem die bunten Eier gefallen oder weil man gerne die jungen Vögel zu Hause großziehen möchte. Es braucht aber Mut, einen Kameraden, der so etwas tun will, daran zu hindern. Nicht mit Drohungen oder Dreinschlagen, sondern mit freundlicher Aufklärung und mit Zureden. Wenn das dann nichts nützen sollte, dann stehen dir immer noch die altehrwürdigen Bubenmethoden zur Verfügung. Es ist eine edle Tat, wenn du jemandem klar machen kannst, daß es nichts anderes als Mord ist, mit Flobert oder Steinschleuder auf Vögel zu schießen. Er tötet dabei ja nicht nur den getroffenen Vogel, sondern er ist vielleicht schuld am grausigen Hungertod eines ganzen Nestes voller junger Vögel, deren Mutter er leichtsinnig totgeschossen hat. Und glaube mir, wenn nur einer in einem Dorfe sich tapfer und mit Überzeugung für die Tiere einsetzt, wird er, wenn es auch oft lange dauert, Mitkämpfer bekommen.

Nie die Grasböschungen und Schilfhaine anzünden

Verhindere darum, daß mutwillige Kinder oder Jugendliche im Frühjahr die Grasböschungen anzünden oder das Schilf in Gräben und Teichen. Tausende von Insekten, wichtige Vogelnahrung, gehen damit zugrunde, und den Vögeln selber raubst du die Nistmöglichkeit. Daß du selber kein Vogelnest anrührst, sondern nach einem raschen Blick darauf deines Weges gehst, ist wohl selbstverständlich.

Nistkasten

Willst du aber für deine Vogelfreunde etwas Besonderes tun, so schaffe ihnen Ersatz für die vielen hohlen Bäume und Äste, die der Axt und der Säge des Försters und des Bauern zum Opfer fallen und so dem Vogel sein Heim rauben. Häng Nistkästchen auf, seien es fertig gekaufte Alakästen oder Berlepsche Nisthöhlen, oder zimmere sie selber aus ein paar alten Brettern. In jedem Dorf wohnen heute kundige Mitglieder eines Vogelschutzvereins, die dir zeigen, wie man solche Nistkästen baut, sie aufstellt und reinigt. Jedes aufgehängte Nistkästchen stellt dir eine Aufgabe. Beobachte, wer darin nistet, ob niemand etwas daran macht, und im Herbst oder Winter mußt du es säubern.

Wir bauen uns vor allem Kästen für Stare und Meisen. Aus den Skizzen nimmst du die Maße, wobei der Buchstabe A die Maße für Meisen und gleichgroße Höhlenbrüter und der Buchstabe B diejenigen für Stare und starengroße Vögel angibt. Achte vor allem auf folgendes: Das Einschlupfloch muß leicht ansteigend von außen nach innen führen, damit kein Regenwasser in den Kasten fließen kann. Wichtig ist ferner, daß der Boden unten nicht flach, sondern muldenförmig gebaut wird. Das erreicht man entweder durch Ausmeißeln einer Mulde mit dem Stechbeutel, wobei natürlich das Bodenbrett entsprechend dicker genommen werden muß, oder man nagelt vier flache Dreikantleisten den Wänden entlang auf den Boden. Endlich kann man auch

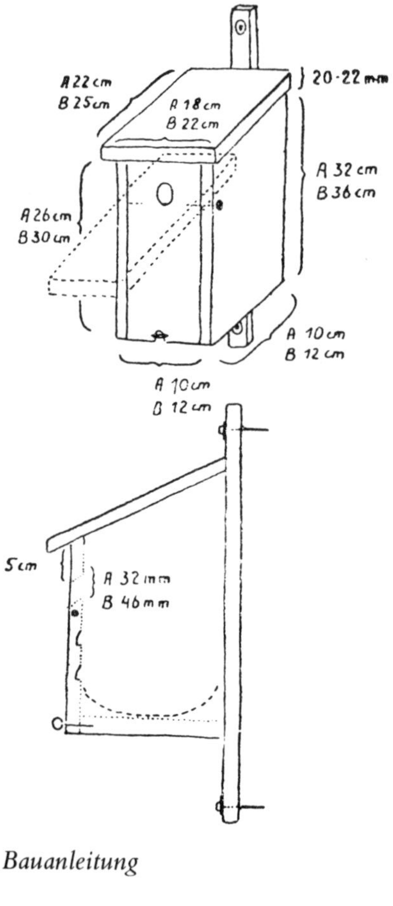

Bauanleitung

noch aus Gips oder Lehm eine solche Mulde direkt hineinmodellieren. Diese Mulde verhindert das Hinausrollen von Eiern in die Kastenwinkel, wo sie erkalten und zugrunde gehen würden. Für viele Vögel ist die Mulde aber unnötig, weil sie selber ein Nest eintragen, das den gleichen Zweck erfüllt.

Wie man die Nistkästen an den Bäumen befestigt

Wichtig ist auch die Art und Weise der Befestigung des Kastens an den Bäumen. Auf die beiden Löcher in der Leiste, durch die die Nägel geschlagen werden, muß ungedingt ein viereckiges oder rundes, mit einem Loch versehenes Eisenplättchen gelegt werden, durch das dann der Nagel geführt wird. Das hat seinen guten Grund. Früher hat man die Nistkästen einfach an die Bäume geschraubt oder genagelt. Durch das Wachstum des Baumes wurde dann der Nistkasten abgesprengt, und Schrauben oder Nägel wuchsen ins Holz ein und wurden zur ständigen Gefahr für die später das Holz verarbeitenden Sägen. Ist der Nagelkopf aber durch ein Eisenplättchen vergrößert, so wird der Nagel beim Wachsen des Baumes, der auf das Eisenplättchen drückt, mit nach außen gezogen und kann nicht einwachsen. Bevor man einen solchen Baumnagel einschlägt, fettet man ihn tüchtig mit Konsistenzfett ein. Das Dach des Vogelhäuschens kannst du mit Teer bestreichen, den du noch mit Sand bestreust. Überhaupt sollte der ganze Kasten, den du auch aus ungehobelten Brettern zimmern kannst, vor dem Zusammensetzen mehrmals karboliniert oder sonstwie imprägniert werden.

Wahl des Standortes

Hänge den Kasten stets nach der Richtung der aufgehenden Sonne auf, so deckt ihn der Baumstamm vor den Weststürmen und Regenwinden. Beachte auch, daß er nicht zu frei sichtbar ist, aber doch freien An- und Abflug gestattet. Er soll nie unter zwei Meter über dem Erdboden hängen, und es soll kein Ast so nahe sein, daß von dort aus eine Katze ihre Räuberpfoten ins Flugloch senken kann. Binde an Obstbäumen im Garten unterhalb der untersten Äste ein Bündel Dornen um den Stamm oder wickle losen Stacheldraht darum (es gibt auch käufliche Stachelbänder unter dem Namen «Katzenschreck»), damit keine Katze (und kein Lausbub) den Kasten ungebeten besuchen kann. Hänge den Kasten im Herbst auf, so lernen ihn die Vögel über den Winter schon kennen.

Nistkästen regelmäßig reinigen

Im andern Herbst, vom Oktober an, mußt du deine Nistkasten wieder saubermachen. Dazu hast du ja die Vorderwand durch zwei seitlich eingeschlagene Nägel (als Scharniere) und durch eine unten durch einen Schlitz der Vorderwand gedrehte Ringschraube zum Aufklappen

konstruiert. Mit einer Spachtel räumst du das alte Nest aus und damit vielleicht viele darin überwinternde Vogelparasiten (Milben, Läuse usw.).
Findest du darin einmal einen Untermieter, etwa einen Siebenschläfer, so freue dich und mache es nicht wie manche Vogelfreunde, die diese hübschen Tierchen totschlagen, nur weil sie eben gerne Vogeleier und Jungvögel fressen.

Haltung von Säugetieren

Auch die behaarten Tiere sind mitunter recht erfreulich

Einzelne Pelztierchen können wir auch im Terrarium halten, für die meisten aber ist doch ein großräumiger und ganz besonders gut gesicherter Käfig (wenn auch nur aus einer Kiste verfertigt) vonnöten. Am friedfertigsten und auch am leichtesten zu ernähren sind unsere einheimischen Nagetiere. Da sich viele davon gut zähmen lassen, können wir uns feine Tierkameraden heranziehen, die uns viel Freude machen und manch Lebenswunder erkennen lassen. Die Säugetiere gehören zu den am besten organisierten Geschöpfen unserer Erde. Denke daran, denn sie verlangen nicht nur Futter und Sauberkeit, sondern sie wollen auch noch anregende Unterhaltung, die du ihnen zu bieten hast. Gib dich recht oft und lange mit ihnen ab, sie danken durch Anhänglichkeit.

Haselmäuse nie am Schwanz anfassen

In manchen Ländern hält man die Haselmaus wie bei uns den Kanarienvogel

Wie ein zwerghaftes Eichhörnchen mutet uns die heute nur noch selten in unseren Wäldern lebende Haselmaus an (s. Abb. 79). Schön rotbraun ist der Pelz und breit buschig der langhaarige Schwanz. Du siehst sie selten am Tage, es sei denn an einem düstern Waldrand, wo sie den Nüssen und Brombeeren nachgeht. Den ganzen Tag verschläft sie sonst in ihrem, oft in kleine Tannen eingebauten, kugeligen Moosnest. Meist kann man sie samt dem Nest heimnehmen. Binde das Nest aber zur Vorsicht in ein Taschentuch ein.

Zu Hause legst du das Nest mit dem lebendigen Inhalt einfach in das dafür bestimmte Gelaß. Ein Terrarium oder ein enggittriger Mauskäfig (zehn Millimeter Maschenweite), versehen mit Kletterbaum, einigen Tannenzweigen, Moosbodenbelag, Wassernapf und Blumenuntersatz als Futtergeschirr, eignet sich gut zur Haselmauspflege. Als Futter braucht das Tierchen allerlei Sämereien, dazu Haselnüsse, Nüsse, Paranüsse, Obst. Fasse es niemals am Schwanz wie andere Mäuse. Du würdest es verstümmeln, denn es läßt sofort die Schwanzhaut in deiner Hand und flieht mit blutigem Schwanzknochen, den es dann durch langsames Abtrocknen

verliert. Leider aber wächst der Schwanz nicht mehr nach. Tagsüber ist die Haselmaus meist im Nest und läßt sich dann gut anfassen. Nachts, wenn sie munter ist, neigt sie manchmal zum Beißen, was du ihr aber durch Geduld und Ruhe abgewöhnen kannst.
Laß sie im Herbst wieder frei!

Sieben Monate des Jahres verschläft der Siebenschläfer
Also brauchst du nur während fünf Monaten für ihn zu sorgen. Gewiß fein! Nur alle vier Wochen legst du ihm einen Apfel in sein Schlafnest, und er hat Nahrung und Getränk für weitere vier Wochen. Im Sommer allerdings, dann frißt unser Siebenschläfer dann für zwei. Siebenschläfer gibt es überall in unseren Gegenden, und in den Bergen leben seine Verwandten, der Garten- und der Baumschläfer. Du findest sie tagsüber in Starnistkästen, sie rumpeln nachts als Gespenster in Bauern- und alten Stadthäusern und fressen Obst, Seife und andere süße oder fettige Vorräte an. Sie sehen aus wie eine vergrößerte Haselmaus, sind aber silbergrau mit weißem Bauch (s. Abb. 81).

Mit gezuckerter, verdünnter Milch aus der Puppenflasche jung aufgezogen, werden sie zu völlig zahmen, reizenden Haustierchen. Alt gefangen jedoch ist der Siebenschläfer ein bissiger, schimpfender Teufel, den aus einem Nistkasten herauszunehmen eine ernste Gefahr für unsere Finger bedeutet. Darum kannst du ihn auch nicht in einem Holzkäfig halten, sondern er braucht ein größeres, ausgedientes Terrarium oder Aquarium oder aber einen eisernen Käfig von wenigstens 1 m Länge, 50 cm Höhe und 30 bis 50 cm Tiefe. Stelle aber den Käfig, den du wie den Haselmauskäfig mit Ästen ausstaffierst, nicht in dein Schlafzimmer, denn wegen der unermüdlichen Turnerei könntest du nicht schlafen.

Achtung, bissig!

81 Siebenschläfer (Glis glis)
82 Eichhörnchen (Sciurus vulgaris)
83 Zwergspitzmaus (Sorex minutus)
84 Fledermaus (Rhinolophus ferrumequinum), «Hufeisennase»
85 Igel (Erinaceus europaeus)
86 Iltis (Mustela putorius)
87 Wiesel (Mustela erminea)
88 Wildkaninchen (Oryctolagus cuniculus)
89 Streifenhörnchen (Eutamias sibiricus)
90 Maulwurf (Talpa europaea)

81

82

83

84

85

86

87

88

89

90

Bekommst du also zufällig einmal ein Siebenschläferjunges, pack es in ein Nest aus Watte, alten Stoffresten oder Moos, in eine Kartonschachtel oder kleine Kiste. Jede Stunde mußt du es füttern, wozu du natürlich die Hilfe deiner Mutter brauchst. Ein winziges Fläschchen mit einem noch winzigeren Schnuller (Nuggi), wie man sie für Puppen kaufen kann, sind dazu nötig. Bohre mit der Spitze einer glühend gemachten Stecknadel ein ganz feines Löchlein in den Gummisauger. Hast du keinen fertigen Sauger, mußt du einen konstruieren. Durchbohr den auf die Flasche eingepaßten Korkzapfen mit einer glühenden Stricknadel der Länge nach, und zieh ein Ventilschläuchlein in das Loch ein, so daß es inwendig mit dem Zapfen eben ist, außen aber etwa 2 cm vorsteht. Kannst du auch dies in der nötigen Zeit nicht bewerkstelligen, so versuche dem Tierchen aus einem kleinen Löffel Milch zu trinken zu geben oder tauche einen sauberen Aquarellpinsel oder den Finger in Milch und laß ihn ablecken. Verdünne aber die Milch mit Wasser, und gib dafür ein wenig Zucker hinein. Erwachsen frißt das Tier alles, was dir schmeckt, und noch vieles dazu. Obst, Sämereien, Nüsse, Heuschrecken, Grillen, Maikäfer, Pfirsichsteine (das in den Kernen enthaltene Gift schadet ihm nicht).

Mit dem Puppenfläschchen aufziehen

Der Siebenschläfer frißt alles, was auch dir schmeckt

Junge Eichhörnchen fallen manchmal aus dem Nest

Wie den Siebenschläfer kannst du auch junge Eichhörnchen mit der Flasche aufziehen. Auch sie werden hübsch zahm, nur brauchst du für sie einen größeren und entsprechend stärkeren Käfig. Laß dir aber niemals eine tierquälerische, altmodische Eichhörnchentrommel aufschwatzen. Gib deinem Eichhörnchen vor allem Nüsse, Haselnüsse, Buchekkern, Eicheln, Obst und ab und zu Tannenzapfen (aber keine leeren) oder einen rohen Kalbsknochen zum Nagen. Daß es ständig grünes Holz zum Nagen haben muß, ist selbstverständlich. Frei im Haus gehaltene Eichhörnchen sind zwar lustig, machen sich aber durch Benagen der Möbel und Gipswände recht unbeliebt. Verschone also deine Mutter mit solchen Plänen. Wird das Eichhörnchen bissig oder beginnt es zu kratzen, dann plage dich nicht mit ihm ab, sondern packe es in eine Kiste und trage es in den Wald hinaus. Es ist ein ganz herrliches Gefühl, einem gefangenen Tier seine Freiheit wiederzugeben, zudem braucht man eine Bewilligung, um Eichhörnchen gefangen halten zu können (s. Abb. 82).

Die altmodische Eichhörnchentrommel ist eine arge Tierquälerei

Bissige Eichhörnchen werden freigelassen

91 *Hamster (Cricetus «Mesocricetus» auratus)*

Findest du zufällig einen jungen Hasen, so rühre ihn nicht an!

Wenn du zu Hause einen Kaninchenstall hast, darfst du dir nicht einbilden, nun auch junge Feldhasen pflegen zu können. Das Heimschleppen von Junghasen ist Jagdfrevel und darum strafbar. Aber auch aus einem anderen Grunde sollst du weder junge Hasen noch Rehe, wenn du ihnen draußen in der Natur begegnest, mit heimnehmen oder auch nur anrühren. Jedes Tier hat seinen Eigengeruch wie jeder Mensch ja auch. Was wir aber nicht riechen können, das ist für das Tier das sicherste Erkennungszeichen für Freund und Feind. Die Hasen- oder Rehmutter erkennt ihr Kind auch bei dunkler Nacht sofort an seinem Geruch, ebenso wie sie den Menschengeruch kennt. Berührst du ein solches Jungtier, so überträgst du ihm deinen Menschengeruch, und die zurückkehrende Mutter riecht wohl ihr Kind, daneben aber auch noch den gefürchteten Menschen, und sie getraut sich vielleicht nicht mehr zu ihrem Kinde hin. Das wollen wir verhindern, und darum ziehen wir uns zurück, wenn wir auf ein junges Häschen oder ein Rehkind stoßen. Bringt dir aber zufällig eine Katze einen Junghasen heim, dann klopfst du ihr eins auf den Hintern und nimmst ihr das Häschen weg, puderst seine eventuellen Wunden mit einem Wundpulver (Irgamid, Cibazol usw.) tüchtig ein und setzt es in einer gedeckten Kiste in ein Heunest. Meist wird es ohne weiteres schon nach kurzer Zeit Löwenzahnblätter und Rübenschnitze annehmen. Behalte es aber nur so lange im Haus, als es nötig ist. Sobald es selbständig frißt und die Wunden verheilt sind, trage es in den nächsten Zoo oder lasse es im Wald frei. Ganz junge Feldhasen sind ja nicht nackt und blind wie Kaninchen im selben Alter, sondern schon recht selbständige fertige Häschen. Ihnen kannst du auch noch mit einem Fläschchen verdünnte, gezuckerte Milch zu trinken geben, ähnlich wie dem Eichhörnchen.

Feldhasen kann man nicht aufziehen wie Kaninchen

Junge Hasen und Rehe nie berühren

Junge Feldhasen sind nicht blind wie die Kaninchen

Von allerlei Mäusen

Die Waldmaus kann hoch springen

Darum mußt du diese hübsche, rehbraune, weißbäuchige und schwarzäugige kleine Maus, die im Wald und in ländlichen Häusern an Stelle der Hausmaus lebt, besonders gut verwahren. Du kannst sie nicht mit anderen Tieren zusammenhalten, da sie außer Körnern, Früchten und Insekten sogar Artgenossen auffrißt. Ja, ich sah einmal junge Kaninchen, die bei lebendigem Leib von einer Waldmaus angefressen worden waren. Im Terrarium oder sicheren

Waldmäuse sind sehr gefräßig

Metallkäfig jung aufgezogen, wird sie zu einem reizenden und hübschen Zimmergenossen. Alles was *dir* zur Nahrung dient, frißt auch sie, dazu aber noch Heuschrecken und Grillen sowie allerlei Sämereien.

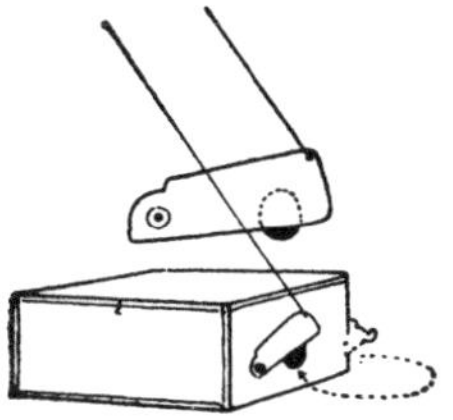

Du kannst sie dir an jedem Waldrand selber fangen, wenn du eine geköderte Gitter- oder eine Fadenfalle aufstellst. Fasse sie aber nie an der Schwanzspitze, denn sie läßt wie Haselmaus und Siebenschläfer die Schwanzhaut fahren und ist dann verstümmelt. Es ist die flinkste Maus unseres Landes, darum passe gut auf. Am besten ist es, du stellst ihr ein kleines Kistchen in den Käfig, dessen Schlupfloch du mittels eines Drahtes von außen mit einem Blechschieber zuschließen kannst, bevor du den Käfig zum Putzen oder Füttern öffnest. Das Kistchen erlaubt dir, die Maus hin- und herzutransportieren, ohne sie zu berühren oder sonstwie einfangen zu müssen. Statte ihr Heim mit Waldboden, alten Rindenstükken und einem Kletterbaum zum Turnen aus.

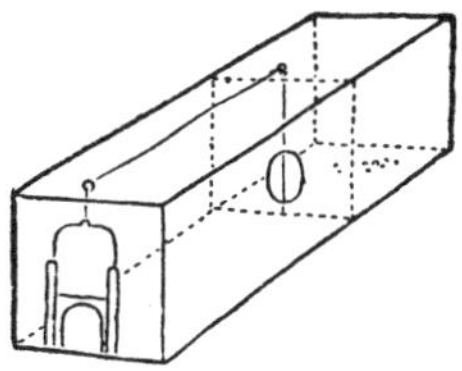

Der Fadentrick

Selbstgebaute Mausfallen bewähren sich gut

Unterteile ein schmales langes Kistchen (wie Skizze) durch eine Zwischenwand mit einem Schlupfloch. Befestige unten am innern Schlupfloch mit einem Nagel einen dünnen Faden, so daß er senkrecht über das Schlupfloch nach oben und dort durch den Kistendeckel hindurch über eine Ringschraube nach vorne, dort wieder über eine Ringschraube nach unten zum Falltürchen führt, das an ihm aufgehängt ist. Im hinteren Raum bringst du den Köder unter. Die Maus wird durch die erste Öffnung hineinschlüpfen, durch den Faden am Erreichen des Köders gehindert und beißt diesen Faden nun ab (sie tut das mit absoluter Sicherheit). Dadurch fällt das Falltürchen herab, und die Maus ist gefangen. Natürlich mußt du dann jeweils den Faden wieder neu knüpfen.

Die Feldmaus ist von Natur aus fast zahm

Die Feldmaus kennt man am kurzen Schwanz

Du kennst sie sofort an ihrem kurzen Schwanz, an dem du sie ruhig hochhalten kannst. Sie lebt überall auf unseren Feldern und an den Waldrändern, vor allem von Blättern, aber auch von Sämereien und Getreide. Sie springt nicht und beißt fast nie, auch wenn du sie in die Hand nimmst. Ein altes Aquarium oder Terrarium ist am günstigsten zu ihrer Haltung, aber auch eine Holzkiste mit Gitterdeckel. Käfige sind weniger geeignet, da die Feldmaus zu ihrem Wohlbefinden einen tiefen Bodengrund aus Walderde braucht und darin fleißig wühlt, so daß du bald mehr Erde neben dem Käfig als darin hättest.

Damit du aber jederzeit Einblick in das Familienleben deiner Feldmäuse hast, baust du ihnen einen einbruchsicheren Unterschlupf. Dazu stellst du einfach vier Blumentöpfe verkehrt auf den Käfigboden (Öffnung nach unten), füllst die Erde bis zur Höhe der Töpfe hinein und legst darüber ein Brett oder eine Eternitplatte. Unter dieser Plattform werden die Mäuse aus Grashalmen (die du ihnen geben mußt) oder aus Moos ein Nest bauen. Durch Abheben des Brettes kannst du sie aber jederzeit sehen. Auf dem Brett gibst du ihnen zu fressen; es wird so nichts verunreinigt. Solange du genügend Grünfutter hast, brauchen deine Mäuse kein Trinkwasser. Jeden Tag einen Stock Löwenzahn, ein Stück Mohrrübe oder Runkelrübe, dazu Äpfel, Sämereien, Gemüseabfälle oder Brot genügen vollkommen. Wird der Bodengrund feucht, so räume ihn aus und ersetze ihn durch trockenes Material.

Futter für Feldmäuse

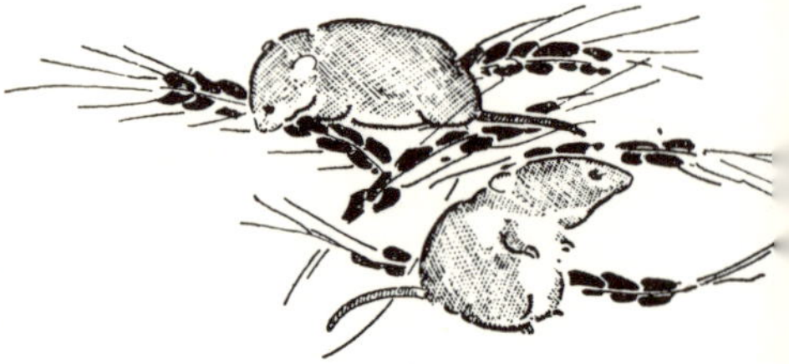

Hausmäuse pflegen wir meist in der weißen Spielart

Hausmäuse sind üble Stänker

Während alle bisherigen Mäusearten und Schlafmäuse (Siebenschläfer, Haselmaus) sozusagen keine üblen Gerüche produzieren, sind die Hausmäuse und ihre Abkömmlinge besonders bei unsorgfältiger Pflege als üble Stänker berüchtigt und für die meisten Hausfrauen ein Greuel. Trotzdem ist die Haltung eines Pärchens weißer oder schwarzer zahmer Mäuse, die Wartung und Beobachtung der bald sich einstellenden Mauskinderstube etwas so Anregendes und Schönes, daß ich dies nur empfehlen kann, sofern beim Pfleger die nötigen Voraussetzungen, also Sauberkeit und Pflichtbewußtsein, vorhanden sind. Schon in einem Dreiliterglas kann man ein Pärchen weiße Mäuse halten, besser sind jedoch größere Behälter, da sich im Glas leicht Schwitzwasser bildet und das Mausnest bald übel riechen wird. Richte dir ein vielleicht dreißiglitriges altes, wenn auch defektes Aquarium (oder eine entsprechend große Kiste) mit Drahtgazedeckel als Mauskäfig ein. Teile den Behälter durch eine Zwischenwand mit Schlupfloch in zwei Räume (Schlafraum und Eßzimmer). Auf dem Boden des Kistenkäfigs muß aber wenn möglich eine feuchtigkeitsundurchlässige Unterlage, etwa ein altes Kuchenblech angebracht werden. Als Bodenstreue eignen sich Torf, Sägemehl, Hobelspäne oder trockener Waldboden (Tannnadeln). Im Winter sollten es die Mäuse aber nie kälter als 15 °C haben.

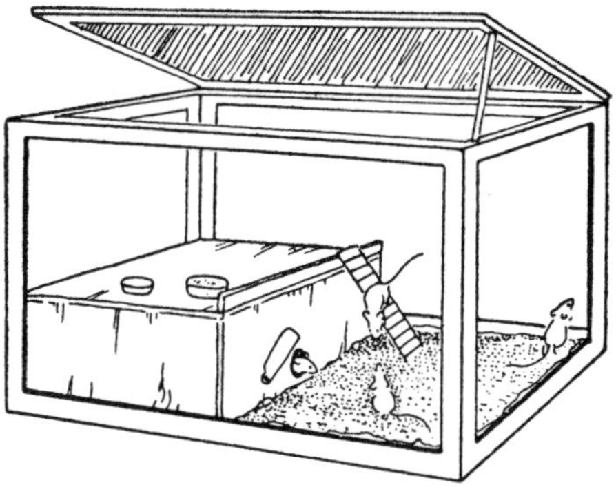

Weiße Mäuse ertragen das Sonnenlicht nicht

Direkte Sonnenbestrahlung ertragen sie ihrer pigmentlosen, roten Augen wegen nicht. Gras, Holzwolle, alte Lumpen oder Moos dienen als Nistmaterial. Als Futter gibst du täglich eine kleine Schale mit in roher Milch eingetauchtem Brot, dazu Sämereien (Vogelfutter), Sonnenblumenkerne, Haferflocken. Wasser trinken sie gerne und viel. Täglich mußt du die Milchgeschirre reinigen und frisch füllen, ebenso jeden zweiten Tag Streue erneuern. Außer den weißen gibt es auch schwarze, zimtbraune und gefleckte Zuchtmausrassen.

Etwas Besonderes ist die Japanische Tanzmaus

Durch eine Mißbildung im Ohr (Gleichgewichtssinn) wird sie gezwungen, sich fast stets im Kreise zu drehen, was sehr drollig aussieht. Du pflegst sie wie die weiße Maus, mußt sie aber noch wärmer halten als jene. Wenn sie Junge hat, so gib Milch oder Wasser nur in ganz flacher Schale, da Junge, wenn sie hineinfallen, nicht mehr heraus können und ertrinken.

Umgang mit Mäusen und Ratten

Mäuse und Ratten können kräftig beißen, wenn sie nicht zahm sind. Darum faßt man sie (mit Ausnahme von Hasel- und Waldmaus und Siebenschläfer) am besten am Schwanz, indem man sie rasch daran hochhebt. Das tut ihnen nicht weh. Muß man Siebenschläfer aus einer Kiste in eine andere umsetzen, und hat man kein Fangkistchen eingebaut, so fängt man sie mit einer Gitterfalle heraus.

Mäuse und Ratten können kräftig beißen

Von andern Pfleglingen

Fledermäuse, Spitzmäuse und Maulwurf sind keine Mäuse

Es sind Insektenfresser, und darum schleppe keine solchen Tiere nach Hause. Ihre Ernährung ist ziemlich schwierig und eine verantwortungsvolle und langweilige Aufgabe. Einzig eine frühfliegende *Fledermaus* (s. Abb. 84) kannst du allenfalls einige Tage oder Wochen zu Hause pflegen, wenn du genügend Insekten auftreiben kannst. Sie braucht ziemlich viel Grillen, Heuschrecken, Fliegen, Bremsen und Mehlwürmer. Paß aber auf die Finger auf, Fledermäuse können arg beißen. In den Deckel eines kleinen Holzkistchens bohrst du einige Luftlöcher. An den Innenwänden nagelst du ringsherum dünne Haselruten oder Holzleisten fest, wie bei einer Sprossenwand in der Turnhalle (Abstand 3 bis 4 cm). Daran kann sich die Fledermaus mit ihren Hinterbeinen aufhängen. Setze das Tierchen erst jetzt hinein und schließe den Deckel, da die Fledermaus nicht gerne Licht hat. Nach einiger Zeit öffnest du wieder und hältst der Fledermaus mit einer Pinzette irgendein Insekt vor, bis sie wütend hineinbeißt. Dann lasse sofort los und schließe den Deckel. Meist wird das Tier hierauf das Insekt kauen und fressen.

Insektenfresser sind schwierig zu halten

Wie man eine Fledermaus füttert

Spitzmäuse (s. Abb. 80 und 83) fressen unheimlich viel Insekten (Käferlarven, Engerlinge). *Maulwürfe* (s. Abb. 90) halten sich besonders an Regenwürmer, von denen sie große Mengen brauchen. Halte die beiden Tiere nur zwei bis drei Tage, und lasse sie dann wieder frei; den Maulwurf natürlich nicht gerade im Garten und auch nicht auf dem Feld, sondern im Wald, wo er durch seine Wühlerei nichts schaden kann.

Den Igel erkennst du an seinem Pelz

Jung aufgezogen wird der Igel (s. Abb. 85) zum drolligen Hauskameraden, den man aber nicht lieblos im Keller dahinvegetieren lassen soll, wie es leider vielerorts üblich ist. Natürlich schadet es dem Igel nicht, wenn du ihn einige Tage im Keller laufen läßt, um Mäuse zu fangen; unbedingt aber

Zahme Igel sind heitere Hausgenossen

soll er auch oben auf der Erde, und wenn's nur in einem Stall ist, noch andere Luft atmen können. Speisereste, Milchbrot, rohes und gekochtes Fleisch, Obst, Heuschrecken, Maikäfer und dessen Engerlinge, Schnecken und Regenwürmer, alles frißt unser Igel. Tagsüber schläft er zwar meistens, um so lebendiger ist er aber nachts.

Igel sind oft dicht besetzt mit Ungeziefer

Bevor du einen Igel ins Haus nimmst, untersuche seinen «Pelz» genau nach Untermietern. Da der Igel seiner Stacheln wegen sich nicht kratzen kann, ist seine Haut oft dicht besetzt mit Ungeziefer, vorab Flöhen und Zecken. Die Igelflöhe tun dir zwar kaum etwas, hingegen brennen die Zecken darauf, sich dir irgendwo in die Haut zu bohren, um dein Blut zu saugen. Spürst du irgendwo, besonders unter den Achseln und an der Innenseite der Oberschenkel ein merkwürdiges, anhaltendes Jucken und Beißen, dann kratze nicht, sondern

Wie man die Zecken entfernt

untersuche die Stelle genau. Sitzt dort ein kleines graues Knötchen, dann laß es sitzen, aber tupfe einen Tropfen Salatöl darauf. Bald wird das Untier sich regen, und du kannst es schön herausheben und umbringen. Da diese ungebetenen Gäste aber auch dem Igel recht unangenehm sind, so betupfe auch ihm diese wandelnden Knöpfe mit Öl, so daß sie ersticken müssen. Das klingt nicht sehr tierfreundlich, aber hier gibt es keine andere Hilfe.

Igel darf man nur mit Bewilligung der Polizei gefangen halten.

Das Frettchen ist die zahme Form des Iltis

Lasse dir kein Frettchen aufschwatzen, wenn du nicht einen geräumigen Käfig und einen Raum im Haus hast, wo es

Frettchen haben Stinkdrüsen

ruhig etwas «riechen» darf. Frettchen haben nämlich wie Iltis, Wiesel und Hermelin Stinkdrüsen und können entsetzlich duften. Füttere das Frettchen vor allem mit rohem Fleisch, aber auch mit toten Mäusen und Spatzen (s. Abb. 86 und 87).

Hermelin und Wiesel sind die flinksten Raubtiere unseres Landes

Sie sind zugleich die dünnsten, darum fast nicht fluchtsicher gefangen zu halten. Sperre also nicht etwa ein altes Wiesel in einen Käfig. Es würde fürchterlich stinken, sich wahrscheinlich am Käfig alle Zähne ausbeißen, und außerdem würde es dir beim ersten Öffnen seines Käfigs ganz sicher durchbrennen. Kannst du aber ein junges Wiesel mit der Puppenflasche aufziehen, wirst du Freude an ihm haben, obwohl auch es mit der Zeit bissig werden wird. Es braucht sehr viel Nahrung,

Schwierig zu füttern

am Tag etwa drei erwachsene Mäuse oder zwei Spatzen oder die gleiche Gewichtsmenge rohes Fleisch.

Marder sind etwas vom Schönsten

Steinmarder (weiße Kehle, nackte Fußsohlen) und Edelmarder (Baummarder, gelbe Kehle und dicht behaarte Zehen) sind, altgefangen, bösartige Wüteriche, die sich die Zähne am Käfig ausbeißen. Jung aufgezogen werden sie wie zahme Hauskatzen, laufen uns nach, spielen mit uns, klettern an uns herum und bleiben mindestens ein Jahr lang zahm. Die meisten werden dann aber, wenigstens zeitweise, auch bissig, und man tut gut, sie einem Tiergarten zu bringen. Sie freizulassen hat keinen Sinn, da sie nicht für den Lebenskampf in freier Natur gerüstet sind. Vor allem haben sie keine Scheu vor dem Menschen und lassen sich bald totschlagen. Futter: Speisereste, Milchbrot, Dörrobst, Eier, Mäuse, rohes Fleisch.

Wie man Steinmarder und Baummarder unterscheidet

Der Fuchs tut nur ein Jahr lang gut

Ein jung aufgezogener Fuchs im Haus ist ebenfalls sehr hübsch und erfreulich, wenn man einen Raum hat, wo es stinken darf. Füttere ihn mit Fleisch und Milchbrot, und wenn er groß ist, bringst du ihn dem nächsten Zoo. Dort hat er es schöner als in der ungewohnten Freiheit, wo unfreundliche Artgenossen, Hunde oder Menschen ihn gar bald jämmerlich umbringen werden.

Da Marder und Füchse dem Jagdgesetz unterstehen, darf man sie nur mit einer Bewilligung des Jagdberechtigten des Gebietes aufziehen und gefangenhalten, in dem das Jungtier gefunden worden ist. Dasselbe gilt auch für junge Hasen. Man wendet sich darum am besten an die Polizeidirektion um entsprechende Auskunft.

Das Meerschweinchen hat nichts mit dem Schwein zu tun

Es ist ein Nagetier und hat sich wie kein anderes Säugetier so zu einem Spieltierchen für Kinder ziehen lassen, daß man es unbedenklich jedem einigermaßen verständigen und pflichtbewußten Kind in die Hände geben kann. Ursprünglich aus Amerika stammend, finden wir das Meerschweinchen (das schweinchenähnliche Tier, das übers Meer kam) in vielen, durch Farbe und Haarwuchs verschiedenen Rassen bei uns. Sie sind leicht zu züchten, die Jungen kommen fertig ausgebildet zur Welt und können schon im Alter von drei Wochen von der Mutter sich selber überlassen werden. Ihre Ansprüche an unsere Pflege sind sehr gering. Ein warmer trockener Stall (eine große Holzkiste ohne Deckel genügt) und abwechslungsreiches Futter ist alles, was sie brauchen. Im Sommer kann man sie auf einer warmen, vor direkter Sonne geschützten Terrasse, in einem katzensicheren Hof, ja sogar auf einem auf den Gartenrasen gestellten Gittergehege (wie

Das Meerschweinchen ist ein geeigneter Pflegling für Kinder

Leichte Pflege

junge Hühner) halten. Im Winter allerdings, da mußt du sie ins Haus nehmen. Ein Stall, ein Keller, eine Waschküche oder sogar eine Wohnküche (wenn du die Tiere sauber hältst) dienen als Standort der Meerschweinchenkiste. Meerschweinchen verbreiten keinen üblen Geruch wie weiße Mäuse, man riecht sie sozusagen nicht, wenn man täglich die Kiste reinigt. Sägemehl, Hobelspäne, Herbstlaub oder Stroh als Bodenstreue, ein Futter- und ein Wassernapf bilden die ganze Einrichtung der Kiste. Nicht einmal ein Deckel oder ein Gitter ist nötig, denn schon eine 50 cm hohe Kiste ist für sie unübersteigbar. Wenn du mit ihnen artig bist, wird dich niemals ein Meerschweinchen beißen, auch wenn du sie herumträgst oder in den Puppenwagen steckst.

Täglich den Stall reinigen

Die Ernährung ist einfach, und man bekommt heute in jeder Zoohandlung fertig gemischte Futter, die aus Körnern und Getreide- oder Graspreßlingen bestehen. Da Meerschweinchen als Nager ständig nachwachsende Nage- und Mahlzähne haben, muß man darauf achten, daß sie vor allem hartes Futter fressen, damit die Zähne sich gleichmässig abnützen können. Füttert man sie falsch, werden die Zähne länger und länger und eines Tages muß man die Nagezähne mit einer Beißzange abzwicken. Das tut den Tieren nicht weh, da ihre Zähne ohne Nerven sind. Wachsen aber auch die «Stockzähne» zu lang, muß das Tierchen verhungern, weil man diese Zähne nicht kürzen kann. Man hält darum folgenden Fütterungsplan ein. Am Morgen gibt man nur harte Futtermittel, wie Körner, Preßlinge, Heu und hartes Brot. Dazu aber Wasser, am besten in einem am Kistenrand aufgehängten, käuflichen Tränkautomat. Erst wenn genügend hartes Futter verzehrt ist, also am Nachmittag, kommen dann weiche Dinge, Gras, Löwenzahn, Klee, Fenchel, Rüben, Runkeln, Äpfel und frische Zweige einheimischer Büsche und Bäume, dazu. Salat soll man nur geben, wenn er sicher weder gespritzt noch frisch gedüngt worden ist, alle Kohlarten soll man weglassen, weil sonst der Kot übel riechen würde. Frißt ein Meerschweinchen den eigenen Kot, ist das durchaus in Ordnung, da beim ersten Durchgang durch den Darm nicht alles Verwertbare verdaut worden ist. Die Natur ist eben nicht immer appetitlich in unserem Sinne.

Deine Kaninchen

Das Kaninchen ist nicht nur zum Schlachten da

Darum wirst du hier nichts darüber erfahren, wie man am schnellsten ein Kaninchen mästen kann und auch nichts über die verschiedenen Rassen. Darüber geben spezielle Bücher Aufschluß, und zudem ist das Heranziehen von Schlachttieren keine erfreuliche Angelegenheit. Unser Buch will aber die Tiere nicht als Ausbeutungsobjekte, sondern als lebendige, liebebedürftige Geschöpfe behandelt wissen. Für uns ist das Kaninchen also nur ein lebendiges Tier, an dem du als Tierfreund deine Freude haben sollst.

Hier steht keine Anleitung, wie man ein Schlachttier bald fett hat

Weißt du auch, daß es in der Schweiz noch, vorab bei Basel, wilde Kaninchen gibt? Nicht etwa Hasen, denn das ist etwas anderes. Die Wildkaninchen sind viel kleiner als Stallkaninchen, viel kleiner auch als die echten Hasen, denen sie aber in der Färbung gleichen. Wie Mäuse wohnen sie in selbstgegrabenen Erdhöhlen (besonders in Bahndämmen) und kommen nur nachts an die Oberfläche um zu fressen. Wie die Stallkaninchen bringen sie ihre Jungen im weichen Haarnest zur Welt, blind und nackt, während ja die Feldhasen wie die Meerschweinchen fixfertig geboren werden. Daß die Kaninchen Höhlenbewohner sind, macht sie ja so ganz besonders geeignet zur Haltung in relativ kleinen Ställen. Das will natürlich nicht heißen, daß du nun deinen Küngeln nur Zigarrenkisten als Ställe hinstellen sollst. Im Gegenteil, wir wollen doch, daß es dem Tier wohl ist, daß es sich drehen und bewegen kann. Hast du einen Hof oder Garten beim Haus, so laß das Tier ab und zu springen. Im Basler Jura kann man oft Kaninchen völlig frei um die Bauernhöfe herumspringen sehen, und sie sind dort gegen fremde Menschen so scheu, daß sie auch nicht leicht gestohlen werden können.

Wilde Kaninchen sind nicht etwa Hasen

Kaninchen sind Höhlenbewohner

Baue den Kaninchenstall gleich von Anfang an richtig!

Also denk daran, daß dein Kaninchen nicht so eng in seinem Käfig sitzen soll, daß es fast viereckig werden muß, um Platz zu haben, sondern daß es gerne auch einen kleinen Hupf hin oder her machen will. Der Standort des Stalles sei trocken, also etwas erhöht, entweder im Freien, dann unter Regenschutz, oder in einem gutgelüfteten Raum, nie aber in einem Keller. Direkte Sonne soll er auch nicht haben, höchstens kurze Zeit am Morgen, wenn sie noch nicht so heiß brennt. Mit einigem handwerklichen Geschick können wir eine Kiste in den Ausmaßen 100 × 60 × 60 cm in einen brauchbaren Stall umwandeln. Wir brechen zu diesem Zweck eine Seitenlängswand heraus und ersetzen sie durch eine gut

Bauanleitung

eingepaßte Gittertür, die wir uns aus einem mit Drahtgitter überzogenen Holzrahmen herstellen. Vom Spengler lassen wir uns ein genau der Bodenfläche entsprechendes Bodenblech mit etwa 4 cm hohem Rand und einer Urinabflußrinne herstellen. (Laß das Maß aber besser vom Spengler selber nehmen!) Dieses Blech schieben wir nun von außen auf den Kistenboden ein und schrauben etwa 1 cm oberhalb des Blechrandes beidseitig je eine gehobelte Dachlatte an die beiden Seitenwände, die von vorne nach hinten waagrecht verläuft, aber so, daß wir darunter das Blech noch gut hin- und herschieben können. Diese beiden Latten sind die Unterlage eines Lattenrostes, den wir aus gehobelten, etwa 3 cm breiten und 2 cm dicken Latten, zwischen denen etwa 2 cm Zwischenraum bleiben müssen, zusammenschrauben. Dieser Lattenrost bildet dann den Käfigboden. Das darunter liegende Blech entläßt den Urin durch die Rinne in den untergehängten Kessel.

An der einen Seitenwand der Kiste befestigen wir eine der käuflichen Heuraufen, die verhindert, daß das Kaninchen das Heu beschmutzt und verdirbt. Ein Futtergeschirr aus Steingut vervollständigt die Einrichtung. Als Streue geben wir Stroh oder Laub, und zwar reichlich, damit sich das Tier warm und weich lagern kann. Bevor wir den so vorbereiteten Stall in Gebrauch nehmen, streichen wir alle Holzteile mit Karbolineum an und lassen dies gut einziehen. Holzrost und

Boden streichen wir am besten zweimal, um sie möglichst fäulniswidrig zu machen. Dann lassen wir den karbolinierten Käfig acht Tage lang stehen, damit der Geruch etwas verfliegt.

Das Kaninchen sei nicht der Familienmistkübel!

Wirf ihm also nicht alles kunterbunt hinein, was aus eurer Küche und vom Tisch abfällt. Wohl kann man ihm allerlei Gemüseabfälle geben, sofern sie noch einwandfrei sind, angefaulte oder gar schimmlige Dinge aber gehören in den Mistkübel und nicht in den Futtertrog des Kaninchens.

Das Futter für Kaninchen

Füttere den Küngel vor allem mit Grünfutter, Gras, Klee, Löwenzahn (Säublueme, Sunnewirbel, Weihfäcke), Wegerich, Rübenkraut, jungem Baumlaub (Weiden, Buchen, Birken) und ab und zu mit Blättern und Strünken der verschiedenen Kohlarten. Alles Grünfutter sollst du möglichst frisch geben, doch darf es nicht bereift, betaut oder regennaß sein. Breite es in diesem Falle zuerst zum Trocknen aus, und lasse es nie auf Haufen liegen, da es sonst gärt und verdirbt. Spinat, Lauch, Zwiebeln und Salat soll man nicht verfüttern. Hingegen gibst du besonders im Winter als Grünfutterersatz Rüben, Runkelrüben (Durlips), Rübköhl (Kohlrabi), dazu Körnerfutter (Hafer, Gerste, gebrochenen Mais) und Heu. Ferner als Abwechslung sogenanntes Weichfutter, das du aus gekochten Kartoffeln, Krüsch, Gerstenschrot, altbackenem Brot und irgendeinem der käuflichen Futtermehle mit Wasser oder besser noch mit Milch oder Magermilch mischst, der du auch noch Kalkpräparate (Phosphorsaurer Kalk) beifügen kannst, zur Förderung der Knochenbildung, besonders junger Tiere.

Füttere regelmäßig, aber mit Vernunft!

Fütterst du nur einmal am Tag, so ist dein Kaninchen so hungrig, daß es die ihm dargebotene Nahrung zu hastig verschlingt. Dabei riskierst du aber, daß sich bei ihm Darmbeschwerden einstellen, und außerdem wird die Nahrung auch nicht richtig verwertet. Also füttere mindestens zweimal, besser aber dreimal am Tag.

Füttere dreimal am Tag

Erfahrene Kaninchenhalter haben folgende Fütterungszeiten als am zuträglichsten herausgefunden: Morgens zwischen sechs und sieben Uhr, mittags um zwölf Uhr und abends wieder zwischen sechs und sieben Uhr. Halte die Zeiten genau ein!

Den Futternapf täglich reinigen

Selbstverständlich wird täglich der Futternapf am Morgen sauber ausgewaschen oder noch besser, durch ein bereits gewaschenes anderes Gefäß ersetzt, während du sofort das entfernte Geschirr für den anderen Tag reinigst. Unsaubere

Futternäpfe lassen das Futter (besonders im Sommer) verderben und gefährden so die Gesundheit der Tiere. Laß kein Weichfutter von einem Tag auf den anderen stehen, sondern mische immer nur grad soviel davon, als du für den einen Tag brauchst.

Wenn du siehst, daß im Herbst das Grünfutter rar zu werden beginnt, so wechsle nicht plötzlich von Grün- zur Heufütterung, sonst können die Tiere schwer erkranken. Gib also, so lange du noch Grünzeug hast, jeden Tag etwas weniger davon, und ersetze es durch Heu und Rüben. Im Winter, wenn du täglich Möhren und Runkeln fütterst, ist Trinkwasser unnötig. Im Sommer hingegen ist es zweckmäßig, den Kaninchen Trinkwasser hinzustellen, auch wenn dies viele Kaninchenzüchter für unnötig halten. Füttere auch nie gefrorenes Futter, weder Grünes noch Rüben und Runkeln.

Achtung vor gefrorenem Futter!

Manchmal bekommen die Kaninchen Junge

Füttere ein weibliches Kaninchen (man nennt sie Zibben), wenn es bald Junge bekommt, besonders gut, denn es muß ja noch für die kommenden Kinder mitfressen. Gib ihm gutes Heu und Grünfutter und täglich auch ein wenig Gerste, Hafer und hartes Brot. Daß das Tier jetzt besonders viel Streue haben muß, ist selbstverständlich, denn es will für seine Jungen doch ein weiches Nest vorbereiten können, das es dann noch mit selber ausgerupften eigenen Wollhaaren auspolstert. Kommen mehr als sechs Junge zur Welt, so nimm was mehr ist weg, damit die Mutter nicht zu sehr geschwächt wird. Sechs bis zehn Wochen läßt du nun Mutter und Kinder beisammen und sorgst ganz besonders aufmerksam für sie. Bring ihr täglich außer dem bereits genannten Futter bester Qualität abgekochte Milch, Gersten- oder Haferschleim zu trinken. Wenn die Jungen da sind, mußt du in der ersten Zeit jeden Tag nachsehen, ob nicht eines gestorben ist und durch die Verwesungsgerüche die anderen Jungen schädigt. Dazu hebst du am besten die Kaninchenmutter sanft am Nackenpelz hoch und legst die andere Hand unter ihren Leib, um sie zu stützen. Hebe sie nicht an den Ohren heraus, das ist eine grobe Tierquälerei! Bist du seit jeher mit dem Tier gut umgegangen, so wird dir das ohne weiteres gelingen, wenn auch die Kaninchenmütter in dieser Zeit oft etwas bärbeißig sind und knurren oder gar schlagen. Setze nach der Kontrolle die Alte wieder hinein. Neun Tage lang bleiben die Augen der Jungen geschlossen. Sind sie später beim einen oder anderen noch zu, so wasche sie mit warmem Kamillenwasser aus, bis sie sich öffnen.

Nur sechs Junge leben lassen

Nie ein Kaninchen an den Ohren aufheben

Wegnehmen kannst du die Jungen, wenn sie selbständig und

genügend fressen. Nimm aber nicht auf einmal alle miteinander weg, sondern eines nach dem andern, immer zuerst das kräftigste. So gewöhnst du die Mutter langsam an den Verlust der Jungen.

Pflege von Kaninchen-Waisenkindern

Stirbt die Mutter, mußt du versuchen, die Kleinen mit der Flasche großzuziehen. Gib ihnen verdünnte Milch mit etwas Zucker, später dazu noch dünnen Haferschleim in Milch. Zwischen den etwa alle Stunden einzuhaltenden Mahlzeiten mußt du die Jungen warm halten, entweder durch eine untergeschobene, nicht zu heiße elektrische Heizplatte, eine Glühbirne oder eine ständig erneuerte Wärmflasche.

Um die Darmtätigkeit der Flaschenkinder anzuregen, mußt du ihnen nach jeder Mahlzeit mit der Hand sanft den Bauch nach hinten streicheln. Die Kaninchenmutter tut dies auch, aber mit der Zunge. Sobald Kot oder Urin austritt, nimmst du alles mit einem Tuch oder Papier auf und hältst so das Nest rein.

Wer Kaninchen hält, muß auch misten!

Die verunreinigte Streue entfernst du jeden zweiten Tag (im Haus sogar täglich!), und ersetzt sie durch trockene, frische. Nur so kannst du deine Tiere sauber und gesund erhalten und ihnen die vielen oft quälenden Krankheiten und Parasiten ersparen, denen unsauber gehaltene Kaninchen oft ausgesetzt sind.

Unsaubere Kaninchen werden von Parasiten geplagt

Schau das Kaninchen genau an, bevor du es kaufst

Beim Ankauf eines Kaninchens mußt du darauf sehen, ob sein Pelz tadellos sauber ist, ob sich nicht etwa irgendwo, besonders gerne an den Ohren, räudige Stellen finden, wo die Haut entzündet und borkig (rüfig) ist. Solche Tiere weise zurück. Schau auch, ob sie nicht wunde Füße haben, was bei unreinlicher Haltung manchmal vorkommt. Am allerbesten aber ist es, du nimmst einen dir bekannten Kaninchenkenner mit, wenn du dir ein Tier anschaffen willst. Was deinem unerfahrenen Auge verborgen bleibt oder nicht auffällt, das sieht der Fachmann auf den ersten Blick. Und gerade Kaninchenfachleute gibt es fast soviele wie Kaninchen ...

Kaninchenfachleute gibt es fast soviele wie Kaninchen

Goldhamster

Als vor Jahren der Basler Zoo die ersten lebenden Goldhamster (s. Abb. 91) in Europa einführte, dachte man noch nicht daran, daß die damals noch sehr kostspieligen Tierchen eine solche Popularität erreichen könnten, wie dies dann geschah. Der syrische Goldhamster ist ein reizendes, kleines Nagetier, viel kleiner als der europäische Hamster. Er wird vollkommen handzahm, stinkt nicht wie etwa die weißen Mäuse und läßt sich außerordentlich leicht züchten. Er hat nur einen Nachteil. Man kann nicht gut mehrere Goldhamster zusammenhalten, auch nicht Männchen und Weibchen, weil sie sich sonst auffressen. Solange sie jung sind, geht's, aber eines schönen Tages ist auf einmal das eine verschwunden. Man halte die Tierchen in Hartholzkisten, in Eisenkäfigen oder in einem ausrangierten Aquarium oder Terrarium, damit sie sich nicht einen Ausweg ins Freie nagen können. Als Unterschlupf gibt man eine kleine Schlafkiste hinein oder einfach Heu oder Moos. Man sieht dann auf einmal, wie das Tierchen beidseitig des Maules furchtbar aufschwillt, wie wenn sich da ein Riesengeschwür entwickelt hätte. Beruhige dich! Der Hamster hat nur seine Backentaschen mit Moos oder Heu gefüllt, um es an den von ihm ausgewählten Nestplatz zu tragen. Auch das Futter stapelt der Hamster oft zu großen Vorräten in einer Käfigecke und verwendet dazu eben auch seine Backentaschen. Hamster brauchen sehr abwechslungsreiche Nahrung. Vor allem Getreidekörner, Vogelfutter, Haferflocken, Brot, Früchte aller Art, Nüsse, Möhren und ganz besonders darf nie ein wenig rohes Fleisch fehlen. Dies kann aber durch Insekten wie Mehlwürmer, Heuschrecken, Maikäfer, Grillen usw. ersetzt werden, was alles vom Hamster mit großer Gier vertilgt wird. Der Hamster wählt sich eine Käfigecke als Abort, und dort kann man täglich saubermachen und frische Streue (Sägemehl, Torf) hinstreuen, so daß keine üblen Gerüche entstehen können. Als Getränk gibt man ein wenig rohe Milch und ständig frisches Wasser. Im Winter schlafen die Goldhamster oft tage- und wochenlang und brauchen dann ganz wenig Futter. Von Zeit zu Zeit kann man Männchen und Weibchen zusammenlassen, aber nur ein bis zwei Tage, dann trennt man sie wieder. Nach 16 Tagen hat man vielleicht dann das Vergnügen, junge Goldhamsterchen im Nest vorzufinden. Sobald man sie einmal gesehen hat, darf man die Mutter nicht mehr stören, sonst frißt sie die eigenen Jungen auf. Hingegen füttert man jetzt noch mehr frische Milch und Fleisch und wartet geduldig, bis die Kinder von selber herauskommen. Nur zu rasch, nach vier Wochen schon, sind sie auch ausgewachsen und müssen von der Mutter getrennt werden. Goldhamster leben in der Regel nur zwei bis drei Jahre, darum kaufe man möglichst junge Tiere, die nicht über vier Wochen alt sind. So werden sie leichter handzahm. Nach jeder Berührung eines der Tiere, aber auch nach jeder Hantierung am Käfig, wasche man sehr sorgfältig die Hände mit Seife und Nagelbürste. Nicht nur aus Reinlichkeitsgrün-

den, wie auch bei anderen Tieren, sondern aus Vorsicht. In Deutschland wurden nämlich durch junge Goldhamster Menschen mit einer gefährlichen Gehirnkrankheit angesteckt. In der Schweiz trat noch kein solcher Fall ein bis 1977. Zum Glück sind derart kranke Goldhamster nur gefährlich, bevor sie drei Monate alt geworden sind. Sind sie vierteljährig, können sie auf niemanden mehr diese an Mäusen in Norddeutschland schon lange bekannte Krankheit übertragen. Also keine Angst deswegen, nur Sauberkeit und Vorsicht.
Die im Handel angebotenen asiatischen Zwerghamster halten und behandeln wir genau gleich. Nur müssen wir sie noch besser hüten, wenn wir sie im Zimmer frei laufen lassen, da sie leicht in einen Spalt unter der Wandleiste oder einer Heizungsleitung unter dem Zimmerboden verschwinden und dort verhungern können.

Streifenhörnchen
Diese unseren Eichhörnchen verwandten hübschen, durch ihre helldunkle Längsstreifung am Rücken auffallenden Tierchen (s. Abb. 89) gibt es in vielen Arten in Amerika, Afrika und Asien. Im Handel sind indische und japanische Streifenhörnchen. Die japanischen sind geeigneter, weil sie meist keine Wildfänge, sondern bereits in Gefangenschaft gezüchtete Tiere sind. Sie werden darum rascher zahm. Man kaufe wenn immer möglich ein Pärchen. Ihr Käfig aus 13-mm-Maschendraht sollte über einen Meter hoch sein, bei einer Bodenfläche von 70 zu 70 cm. Ein Kletterbaum und zwei bis drei oben angebrachte Nistkästchen müssen dasein. Als Futter, natürlich neben Wasser, gibt man das käufliche Streifenhörnchenfutter, dazu alle Sorten Obst, einheimische und ausländische, sowie frische Baumzweige einheimischer Laubhölzer. Außerdem lieben sie Sämereien aller Art. Man lege ihnen auch versuchsweise Insekten, wie Mehlwürmer, Grillen, Heuschrecken, Maikäfer vor oder sogar ein wenig rohes Fleisch. Auf keinen Fall lasse man Streifenhörnchen frei ins Zimmer, bevor sie nicht völlig handzahm sind, sich also ohne zu fliehen wieder greifen lassen. Um sie soweit zu bringen, braucht man aber viel Geduld und Einfühlungsvermögen. Man nähere sich den Tieren auch am Käfig vorerst nicht mit den Händen, sondern nur mit dem Gesicht, da sie vor Händen oft Angst haben. Erst wenn sie uns ohne wegzulaufen nah ans Gitter kommen lassen, versuchen wir ihnen mit zwei Fingern eine besonders beliebte Leckerei anzubieten. Heute werden Streifenhörnchen nicht selten im Käfig gezüchtet.

Wüstenratten und Stachelmäuse

Trotz ihres an Ratten und Mäuse – und deren unangenehmen Gerüche – erinnernden Namens, sind diese nordafrikanischen Nager überaus liebenswerte und bei richtiger Ernährung völlig geruchlose Heimtierchen. Als Nachttiere benötigen sie vor allem einen dunklen Unterschlupf in Form von Nistkästchen, gewölbten Rindenstücken oder Felshöhlen. Ein mit sauber gewaschenem Sand wenigstens 5 cm hoch ausgelegtes Terrarium mit Frontglasscheiben zeigt ihre Lebhaftigkeit besonders gut und verhindert das Hinauswerfen von Sand. Sie benötigen als Wüstentiere so wenig Wasser, daß sie kein Trinkgefäß brauchen, sondern aus ihrer Körnernahrung (Vogelfutter), Grünzeug (Löwenzahn, Klee, Fenchel, Rüben, Äpfel) genügend Feuchtigkeit aufnehmen können. Auch sie sind dankbar für Mehlwürmer, Grillen und Heuschrecken. Die Wüstenratten (Meriones) und die Stachelmäuse sind bräunlich wüstenfarbig, wobei die Stachelmäuse nach hinten gerichtete, fast unsichtbare Stacheln im Pelz tragen. Sie werden schön zahm.

Zucht von Futtertieren

Enchyträen

Diese wohl besten und bequemsten Futtertiere für Aquarien- und Terrarientiere (Amphibien) sind sehr leicht zu züchten. Es gibt eine Menge von Zuchtrezepten, die aber mehr oder weniger kompliziert sind. Hier steht das von mir jahrelang erprobte Rezept. In eine nicht zu kleine Kiste (50 × 30 × 40 cm) füllst du lockere, feuchte Walderde, die du aus alten Baumstrünken gesammelt hast, bis zur halben Höhe ein. Auch Erde aus verrottetem Laub eignet sich gleich gut. Nachdem sich die Erde nach einigen Tagen etwas gesetzt hat, drückst du mit der Faust zwei flache Gruben in die Erdoberfläche. In jede legst du dann ein dünnes, in Milch eingeweichtes Stück Brot oder besser Zwieback von etwa 5 cm Durchmesser. Dazu legst du die zur Zucht beschafften Enchiträenwürmchen und deckst dann jedes Stück Brot mit einem Blumenteller zu. Über das Ganze legst du ein Brett oder Blech, da diese Würmchen es gerne dunkel haben, und stellst es an einen nicht zu kalten Ort (Waschküche, Küche usw.). Jeden Tag wird die Erde leicht mit lauem Wasser überbraust und jeden zweiten Tag das Futterbrot erneuert. Bald werden sich ungeheure Massen der zentimeterlangen weißen Würmchen entwickeln, die du dann mit einer alten Gabel oder einer Pinzette, klumpenweise zusammenhängend, unter dem Blumenteller hervorholst. Diese Würmer kannst du nun direkt verfüttern, indem du sie im Aquarium in ein Tubifexsieb legst oder einfach ins Wasser fallen läßt. Sie sind vor allem zur Aufzucht junger Amphibien geeignet. Wenn du sorgfältig die Futterreste entfernst, verbreitet diese Wurmzucht keinerlei üblen Geruch.

Mein Zuchtrezept

Wenn du viel Enchyträen brauchst, ist es besonders vorteilhaft, zwei Zuchtkisten anzulegen, so daß du immer eine schonen kannst. Steigen die Würmer aus dem Erdboden heraus und wandern an den Wänden und dem Deckbrett in dichten weißen Strängen herum, dann sind zuviele in der Kiste, und du mußt sie vermindern. Zum Transport von Enchyträen werden dicht schließende Büchsen verwendet, die aber ziemlich groß sein müssen, damit die luftbedürftigen

Würmer nicht ersticken. Luftlöcher darf man keine anbringen, da die Würmer daraus entweichen würden, indem sie ihren ohnehin schlanken Körper noch dünner machen. Die zur Zuchtanlage nötigen Enchyträen besorgst du dir von einem anderen Züchter oder aus einem Zoogeschäft. Kannst du keine auftreiben, mußt du dir eine Anzahl davon aus einem Kompost- oder alten Laubhaufen selber zusammensuchen. Beim Graben findest du ab und zu winzige, etwa einen Zentimeter lange, weiße Würmchen. Du hebst sie mit einer Nadel einzeln hoch (ja nicht anspießen oder drücken) und bringst sie in deine Zuchtkiste.

Enchiträen findet man im Kompost

Tubifexwürmer

Diese Würmer sind rot und leben nur unter Wasser. Sie sind also im Haus weniger gut zu züchten, immerhin ist dies mit Hefefütterung doch möglich. Der Städter kann sich den nötigen Vorrat jeweils im Laden kaufen; wohnst du auf dem Land, suchst du dir eben einen kleinen Schlammbach und holst dir, was du brauchst, wie es auf Seite 47 beschrieben ist.

Tubifexwürmer leben nur unter Wasser

Regenwürmer

Sie findet man ja in der Natur überall und in solchen Mengen, daß eine Zucht eigentlich recht unnötig scheint. Wenn wir aber auch im Winter immer lebende Würmer haben müssen, und vor allem, wenn wir nur eine Sorte, nämlich die roten Laubregenwürmer, verfüttern wollen, müssen wir eben eine reine Zucht dieser Art anlegen. Erstelle die Regenwurmkiste ähnlich wie die Enchyträenkiste, nur etwas größer. Fülle sie entweder mit Walderde oder einer Mischung von Gerberlohe und Erde. Zur Besetzung suche nur die kleinen, schön hellroten, meist zusammengeknäulten Laubregenwürmer aus einem Komposthaufen zusammen. Die großen gelben Regenwürmer darfst du keinesfalls einsetzen. Damit du nur gesunde Tiere in die Zucht bekommst, stelle die gesammelten Würmer in einer Blumenschale oben auf die feuchtgemachte Erde der Zuchtkiste. Die gesunden Würmer kriechen aus der Schale hinaus und bohren sich in die Erde ein, während die verletzten Tiere liegen bleiben und sofort verfüttert werden sollen. Als Futter legst du ihnen Salatblätter, geriebene Möhren, Kartoffeln, Kaffeesatz usw. oben auf die Erde und deckst alles mit einem alten, nassen Sack zu. Die Zucht hat aber nur dann Aussicht auf Erfolg, wenn sie warm gehalten wird. Sie ist für den Tierhalter vor allem während des Winters wichtig, aber auch in ganz trockenen Sommermonaten, wo es schwierig ist, Regenwürmer in genügender Menge zu beschaffen.

Regenwurmzucht für den Winter

Kannst du dir keine eigene Regenwurmzucht anlegen, so frage einen Gärtner in der Nachbarschaft, ob du im Winter periodisch seine Treibhäuser nach Würmern absuchen darfst, als Gegenleistung für Einkäufe oder Jätarbeit. Unter Blumentöpfen, alten, zu diesem Zweck ausgelegten Brettern und Steinen findet man die Würmer. Ja, man kann ihnen sogar Fallen stellen, indem man halbierte Kartoffeln, Rüben, Runkeln (Durlips) unten etwas aushöhlt und auf die Treibhauserde stellt. Anderntags haben sich dann viele Regenwürmer darunter verkrochen und können abgelesen werden.

Wie man Regenwürmer fängt

Mehlwürmer

Das sind wohl die bekanntesten Lebendfutterlieferanten. Es sind ja keine Würmer, sondern die Larven des Mehlkäfers (gelbe «Würmer») oder des Stallmehlkäfers (schwarze «Würmer»). Ihre Zucht ist nicht so schwierig, wenn man nicht gerade kiloweise davon benötigt. Für einen Laubfrosch genügt die Zucht in einem Dreilitereinmachglas. Geeigneter ist natürlich eine größere, innen mit Blech ausgeschlagene Kiste, deren Blechrand oben etwa zwei Zentimeter nach innen vorsteht und die sich wurmsicher decken läßt. Der Zuchtbehälter wird bis etwa zur halben Höhe mit *feingesiebtem* Sägemehl aufgefüllt. Lege auf die Oberfläche des Sägemehls ein zusammengelegtes altes Stoffstück (alter Kleiderstoff). Auf diesen Stoff bringe täglich eine kleine Menge Feuchtigkeit enthaltendes Futter, wie geriebene Mohrrüben, halbierte Äpfel, gekochte Kartoffeln und außerdem etwas Mehl, Kleie, Haferflocken oder Brotkrumen (ohne Rinde, die nicht gefressen wird). Die Würmer sammeln sich nun zwischen den beiden Stoffstücken und können dort leicht weggenommen werden.

Mehlwürmer sind Larven des Mehlkäfers

Die sich verpuppenden Würmer, Puppen und Käfer lasse in Ruhe. Die Käfer kannst du nach einigen Tagen, wenn man annehmen darf, daß sie bereits Eier abgelegt haben, auch verfüttern. Halte aber nicht zuviele Würmer im selben Behälter, sonst gehen sie zugrunde, weil ihre sich gegenseitig aneinanderreibenden Körper Wärme erzeugen und so zur Überhitzung des Behälters führen können.

Das Sägemehl mußt du erneuern, sobald daraus ein braunes Pulver geworden ist. Du mußt dann den ganzen Inhalt des Zuchtglases absieben und die auf dem Sieb zurückbleibenden Würmer, Puppen und Käfer einfach in die neu aufgefüllte Kiste schütten. Lasse das ausgesiebte Sägemehl in einem anderen Behälter noch einige Wochen stehen, bis sich die darin enthaltenen Eier zu Würmern entwickelt haben. Siebe jetzt auch diese aus, und dünge mit dem Mehlwurmmist den Garten.

Die weichen, weißen Larven verfüttern

Als Futter suche immer die hellsten Würmer aus. Am besten sind die weißen, da sie unmittelbar nach der Häutung noch keine verhornte Außenhaut haben und von allen Wurmliebhabern unter den Tieren gerne gefressen werden.

Mehlmotten

Diese Motten sind in einem Wohnhaus nicht gerade beliebt, da ihre Larven die bekannten Spinnfäden in unsere Vorräte von Mehl, Haferflocken oder Teigwaren zaubern. Wenn es heißt, in einem dieser Nahrungsmittel wären Würmer, dann sind dies eben wiederum keine Würmer, sondern die Raupen eines kleinen Schmetterlings, der Mehlmotte. Deren Zucht will ich also gar nicht empfehlen, aber verraten, daß die Räupchen der Mehlmotte für viele Tiere, besonders aber für kleine Amphibien ein ganz ausgezeichnetes Futter sind. Vielleicht kannst du sie dir für deine Zucht in einer Mühle beschaffen, wie auch die Mehlwürmer. Bei einem Bäcker hingegen würde ich dir nie raten, davon anzufangen, denn er könnte entsetzlich wütend werden, daß man ihm zutraut, er pflege in seinen Vorräten solche Gäste.

Wachsmotten

Sie sind etwas größer als die Mehlmotten, und ihre Larven sind ein herrliches Futter für insektenfressende Vögel, für Amphibien, Reptilien und Fische. Aber, und das ist die schwierige Frage, ihr Futter ist das kostbare Bienenwachs, und daher könnte sich nur der Sohn eines Bienenzüchters einen solchen Zuchtspaß leisten. Man hält diese Schmetterlinge in Zuchtkäfigen aus Canevasdrahtgitter und hängt ihnen von Zeit zu Zeit eine alte leere Bienenwabe hinein.

Wachsmotten leben vom Bienenwachs

Fliegen

Eine Fliegenzucht ist im Sommer sicher unnötig, für den Winter aber von großer Bedeutung. Im Sommer kann man sich die Fliegen ja massenhaft selber fangen, sei es mit geschickten Händen oder mit Fliegenfallen. Früher gab es solche Fliegenreusen aus Draht und Glas in den Läden zu kaufen. Heute können wir sie selber aus einer Blechbüchse und einem Canevastrichter herstellen.

Sehr einfach ist es jedoch, wenn wir den laufenden Bedarf an lebenden Fliegen fortwährend selber befriedigen. Dazu brauchen wir nur im Herbst genügend Fliegenmaden einzukellern. Man beschafft sie sich bei einem Metzger aus dem Abfallknochenfaß oder legt einen Tierkadaver (Maus,

Vogel, Maulwurf) oder einige stinkende Fischköpfe in einem Konservenglas im Garten aus. Bald erscheinen die Fliegen zu Dutzenden und belegen alles mit den weißen länglichen Eiern. Daraus entstehen Maden, und diese fütterst du weiter mit Käserinden, Fleisch- und Fischabfällen, bis sie groß und dick geworden sind. Das Glas stellst du nun in einen Kessel, dessen Boden du mit leicht feuchtem Sägemehl etwa zehn Zentimeter hoch bedeckt hast, an den Schatten. Die Maden wandern nun am Glas empor aus, fallen ins Sägemehl, wo sie sich verpuppen. Sind alle Maden im Kessel, so entferne das Glas, reinige es. Den Kessel verschließt du und stellst ihn an den kältesten Ort im Keller. Wenn du dann im Winter Fliegen brauchst, holst du dir eben einige der kleinen braunen Tonnenpuppen herauf und legst sie in einem Glas ins warme Zimmer. Decke das Glas mit einem Trichter, über dessen Ende du einen aus Canevas gemachten Käfig stülpst. Innert weniger Tage schlüpfen die dicken Brummer und können sofort verfüttert werden. So hast du den ganzen Winter über frische Fliegen für deine Tiere.

Essigfliegen (Drosophila)

So heißen die winzigen aufdringlichen Mücken, die sich im Sommer überall da massenhaft zeigen, wo Früchte in Verwesung überzugehen drohen. Weil sie sich von allen Insekten am raschesten fortpflanzt, ist sie wohl die am meisten gezüchtete Fliege, da berühmte Forscher an ihr die wichtigsten Erkenntnisse der Vererbungsgesetze studieren konnten. In weniger als vierzehn Tagen entwickelt sich die Essigfliege aus dem Ei zum ausgewachsenen Tier. Wir brauchen sie natürlich nicht zum Studieren, sondern ganz einfach als Futter für kleine Vögel und Amphibien, und auch noch für unsere fleischfressenden Pflanzen.

Eine rasche Entwicklung

Zur Zucht stellst du zwei bis drei Litergläser vors Fenster (nicht an die Sonne) und füllst sie zu einem Drittel mit Bananenschalen, halbfaulen Äpfeln, Zwetschgen oder Tomaten. Bald werden die kleinen Fliegen überallher kommen und ihre Eier an dem Gläserinhalt ablegen. Nach zwei Tagen bindest du ein Packpapier über die Glasöffnung, so, wie die Mutter Konfitüre zubindet, und läßt das Glas warm stehen. Mit einer Nadel stichst du viele kleine Luftlöcher ins Papier. Nach wenigen Tagen wimmelt das Glas von Tausenden von Essigfliegen. Um sie aus dem Zuchtglas ins Terrarium zu bringen, braucht man einen kleinen Glastrichter und ein Fläschchen oder Tablettenröhrchen. Mit einem Bleistift stichst du ein Loch mitten ins Papier und stellst den Glastrichter darauf, daß dessen Rohr wie ein

Die Essigfliegen im Glasröhrchen

Kamin nach oben schaut. Auf dieses Trichterrohr stülpst du nun dein Glasfläschchen und wartest, bis genug Fliegen durch den Trichter ins Fläschchen gekrochen sind. Hierauf schließt du das Fläschchen und steckst einen Wattepfropf oben auf das Trichterrohr oder gleich ein leeres Fläschchen. Das Fliegenfläschchen legst du dann immer an demselben Ort flach auf den Boden des Terrariums, so daß die Tiere sich diesen Futterplatz merken. Entfernst du nun den Verschluß, kriechen die Essigfliegen heraus und werden von den Tieren weggefangen. Später brauchst du nur das Fläschchen zu bringen, und sofort kommen die hungrigen Pfleglinge aus allen Winkeln daher.

Wasserflöhe (Daphnien)

Jederzeit lebende Daphnien vorrätig zu haben ist der Wunsch jedes Aquariumbesitzers. Da man davon aber erhebliche Quantitäten braucht, sind nur größere Zuchtbecken lohnend. Ein betonierter Gartenteich (natürlich ohne Fische) eignet sich ganz besonders gut dazu. Aber auch ein altes, in die Erde gegrabenes Faß gibt gute Resultate. Als Bodengrund unserer Daphnienzucht legen wir eine Lage Erde und darüber Sand oder Kies wie im Aquarium. Darein setzen wir Unterwasserpflanzen, und endlich legen wir noch frischen Kuhmist, etwa einen Fladen, auf den Grund des Behälters und füllen ihn sorgfältig mit Wasser an. Nun lassen wir alles einige Tage stehen, die Trübung des Wassers senkt sich inzwischen wieder, und dann setzen wir lebende Daphnien ein.

Eier, die sich während Jahren aufbewahren lassen

Stehen uns keine zur Verfügung, schütten wir eine Portion trockener Wasserflöhe ins Wasser. Wenn diese nicht etwa mit Hitze getrocknet worden sind, werden aus den sogenannten Dauereiern, die sich im Leib der getrockneten Wasserflohweibchen befinden, die Jungen ausschlüpfen, da sich diese Eier jahrelang trocken aufbewahren lassen. Sind lebende Daphnien da, muß von Zeit zu Zeit mit Kuhmist oder mit einem halben Liter frischem Blut, das man vom Metzger beschafft, gefüttert werden. Das trockene Blutmehl tut den gleichen Zweck. Siehst du dann junge Daphnien, ist die Zucht im Gange. Du mußt selber merken, wann du Futter herausfischen darfst. Das geschieht einfach mit einem feinmaschigen Gazenetzchen, das du entweder direkt im Aquarium oder in einem mit Wasser gefüllten Geschirr abspülst.

Mikro

Dieses Lebendfutter für Fische ist wegen seiner Kleinheit und leichten Züchtbarkeit sehr beliebt geworden, besonders zur Aufzucht junger Fische. Es sind winzige, dem sogenannten Essigälchen verwandte weiße Würmchen, die man von bloßem Auge eben noch sehen kann. Man besorgt sich einen Zuchtsatz und bringt ihn (verteilt) in einige Glas- oder Porzellanschalen (Photoschalen) oder Sauermilchgläser, in denen man vorher eine etwa 2 bis 3 cm hohe Schicht Milch hat sauer werden lassen. Die Mikrowürmchen ernähren sich nun von dieser verdorbenen Milch (sofern sie es warm genug haben) und vermehren sich ungeheuer. Zu Tausenden steigen sie dann an den Schalenwänden hoch und können dort abgestreift und verfüttert werden. Von Zeit zu Zeit legt man überhaupt wieder eine neue Zucht an und wäscht die bisher verwendeten Schalen aus, um sie neu zu besetzen. Trotz ihrer Kleinheit sind die Mikrowürmchen aber für frischgeborene Junge eierlegender Zierfische noch zu groß, hingegen können die Jungen der lebendgebärenden Arten sofort damit gefüttert werden.

Die Mikrowürmchen leben von saurer Milch

Hausgrillen oder «Heimchen»

Diese Insekten sind eine besonders gute Nahrung für Vögel, Echsen und Amphibien. Man kann sie heute in Zoohandlungen kaufen. Da man aber oft besonders kleine, junge Grillen benötigt, züchtet man sie besser selber. Eine mit Fliegengitter überall gesicherte, etwa 30 cm hohe, flache Kiste oder ein altes, oben ebenfalls mit Gitter abgedecktes Aquarium, dienen als Zuchtbehälter. Man belegt den Boden 10 cm hoch mit Walderde und Laub, legt völlig morsches Holz, ebenfalls aus dem Wald, hinein. Ein Blumentopfuntersatz dient als Futtergeschirr, in das man Haferflocken, Brotreste und täglich frischen Salat, Löwenzahn oder Klee hineinlegt. Eine Hälfte des Behälters muß von unten her ständig auf etwa 20 Grad erwärmt werden, und ein anderer Teil wird täglich mit Wasser überbraust. Dann legt man noch Stücke von Wellkarton, Kartonröhrchen etc. dazu, worin sich vor allem die jungen Grillen verstecken können. Jetzt setzt man einige Grillen ein und wartet. Um die Tierchen herausfangen zu können, legt man ihnen Fallen, entweder nur wenig geöffnete Zündholzschachteln oder Pillenröhrchen, über Nacht hinein. Am Morgen sind sie meist voll von Grillen.

Beobachtungsaufgaben

Wassermoos und Wasserpest

1. Lege ein Büschel Wassermoos oder einige Zweige Wasserpest in ein hohes Zylinderglas mit Wasser. Achte darauf, was geschieht, wenn du das Glas der Sonne aussetzt (Sauerstoffproduktion).

Süßwasserpolyp

2. Setze einen Süßwasserpolypen in ein Reagenzröhrchen, lasse dieses einige Stunden stehen, und beobachte die eingetretenen Körperveränderungen des Polypen. Bring dann einige Daphnien oder Cyclops hinein, und beobachte, was nun geschieht.

Posthornschnecke

3. Halte eine große Posthornschnecke in einem Marmeladenglas, bis sie ihre Eier an das Glas abgelegt hat. Beobachte nun täglich mit der Lupe die Veränderungen in den Eiern.

Sumpfdeckelschnecke

4. Setze eine große Sumpfdeckelschnecke (Weibchen, das du an den beiden genau gleichausgebildeten Fühlern erkennst) in ein Marmeladenglas und versuche das Zurweltkommen eines Jungen zu beobachten. Beachte den Unterschied am Häuschen zwischen jungem und altem Tier.

Köcherfliegenlarven

5. Bringe in ein Wasserglas einige kleine Glasperlen und etwas Sand. Löse dann sorgfältig einige Köcherfliegenlarven aus ihrem Häuschen und setze sie in das Wasserglas. Achte auf das, was nun geschieht.

Gelbrandwasserkäfer

6. Halte einen Gelbrandwasserkäfer im Kleinaquarium allein. Gib einen Regenwurm hinein, und beobachte den Freßakt, das Schwimmen mit den Ruderbeinen und die seltsame Aufnahme der Atemluft mit dem Hinterteil. Mache die gleichen Versuche mit dem Kolbenwasserkäfer.

Stichling

7. Verschaffe dir ein Stichlingpärchen und setze es in ein gut bepflanztes Aquarium, gib allerlei Pflanzenreste (aus einem Weiher) hinein, und beobachte den Nestbau durch das Männchen, die Eiablage durch das Weibchen. Wer pflegt die Eier? Das Männchen oder das Weibchen?

Bitterling

8. Verschaffe dir ein Bitterlingpärchen und eine lebende Malermuschel, und bring alles in ein gut bepflanztes Aquarium. Beobachte das Wachsen der Legeröhre beim

Bitterlingweibchen, die Eiablage und das Bewachen der Muschel. Lege dann die Muschel in ein anderes, fischloses Aquarium, und beobachte das Erscheinen der jungen Bitterlinge.

9. Beobachte bei einem Makropoden oder Kampffischpärchen den Nestbau, die Eiablage und die Bewachung der Brut. Was geschieht mit Eiern, die aus dem Schaumnest heraus auf den Boden sinken? *Makropoden*

10. Bring eine cocontragende Spinne in ein Marmeladenglas, und füttere sie mit Fliegen oder Mücken. Beobachte sie beim Transport ihres Cocons. Nimm ihr den Cocon weg, und leg ihn im Glas auf den Boden. Beobachte das Ausschlüpfen der Jungen, achte auf die Veränderungen ihrer Farbe und wann und wie sie sich häuten (Lupe). Halte einige Jungspinnen zusammen in einem Pillenröhrchen und beobachte, wie sie sich gegenseitig behandeln. *Spinne*

11. Beschaff dir eine Gottesanbeterin und beobachte, wie sie eine Wespe fängt, die du zu ihr ins Glas bringst. Fällt dir an ihrem Kopf etwas auf, etwa im Vergleich mit Heuschrecken? *Gottesanbeterin*

12. Halte eine Grille oder ein Heimchen im Kleinterrarium und suche festzustellen, wie sie zirpt, wie und was sie frißt. Was macht sie, wenn du eine kleine Heuschrecke zu ihr bringst? *Grille oder Heimchen*

13. Halte irgendeine spinnende Raupe (Seidenraupe oder eine der vielen spinnenden kleinen Raupen, die du an Gebüschen findest) und untersuche genau, wo die Seide produziert wird. Geht das Tierchen beim Spinnen vorwärts oder rückwärts? Beobachte es bei Coconspinnen. *Raupen*

14. Such dir an einem Ligusterhag Ligusterschwärmerraupen, und nimm davon jene mit, die auf dem schön grünen Rücken ovale, kleine weiße Punkte haben. Füttere die Raupen gut, beobachte die Verfärbung ihrer Haut, was mit den weißen Tupfen vorgeht, und verpasse die Verpuppung nicht. Öffne dann die Puppe mit einer Schere, untersuche den Inhalt und beobachte diesen noch weiter. *Ligusterschwärmerraupe*

15. Lege einen schön grünen, im Laden gekauften Laubfrosch in eine Schachtel, und hole ihn nach einer Stunde wieder heraus. Was ist geschehen? Setze ihn dann wieder in die gewohnte Umgebung, und beobachte wieder die Veränderungen, die mit ihm vorgehen. Setz ihn auf eine Glasscheibe, und betrachte durch das Glas hindurch die Laubfroschzehen mit der Lupe. Mit was kannst du sie vergleichen? Wie funktionieren sie? *Laubfrosch*

Ringelnatter 16. Fasse eine gekaufte Ringelnatter kräftig an, laß sie zappeln, und gib sie nicht frei. Was geschieht? Wie wehrt sie sich? (Drei verschiedene Abwehrmethoden mußt du finden.)

Schlangen 17. Beobachte den Häutungsvorgang bei einer Schlange. Beobachte die vorangehenden Veränderungen der Haut, besonders am Bauch und bei den Augen. Beobachte die Augen ganz besonders genau unmittelbar vor der Häutung. Notiere dir die genauen Zeitpunkte der verschiedenen dir auffallenden Veränderungen am Körper und im Benehmen der Schlange.

Ringelnatter 18. An einer Ringelnatter, die tote Fische frißt, mache folgenden Versuch: Lege ihr ein fischförmig zugeschnittenes Stück Brotrinde vor. Lege ihr ein weiteres, gleich geformtes Stück Brotrinde vor, das du vorher mit einem Fisch rundum bestrichen hast. Beobachte nun gut das Verhalten der Ringelnatter.

19. Untersuche einmal folgende Fragen: Kann die Schlange die Augen schließen? Wie schläft sie? Kann sie die Augen bewegen?

20. Häng im Winter einen Schweinsnabel («Säunabel») an einen Baum und beobachte, welche Vögel daran fressen. Stecke einen angefaulten Apfel an einen Zweig und beobachte. Kratze den Schnee unter einem Busch hervor und versuche festzustellen, welche Vögel sich dort einstellen.

Siebenschläfer 21. Suche im Oktober mehrere Nistkästen ab, und hole einen der dort schlafenden Siebenschläfer heim. Setze ihn in einen Käfig und notiere dir, wie oft er während des Winters erwacht. Das kannst du daran feststellen, daß du ständig einen Apfel im Käfig läßt. Jedesmal wenn er angebissen ist, war der Schläfer wach. Schneide das angebissene Stück weg, so daß du erneute Nagespuren wiederum feststellen kannst. Warum erwacht der Siebenschläfer wohl ab und zu?

Schlagwörterverzeichnis

Alphabetisch geordnet

Bildernachweis

Abb.

1 Claude Carré, Jacana
2 Claude Carré, Jacana
3 Claude Carré, Jacana
4 Françoise Danrigal, Jacana
5 Philippe Summ, Jacana
6 P. Lorne, Jacana
7 Françoise Danrigal, Jacana
8 Françoise Danrigal, Jacana
9 Françoise Danrigal, Jacana
10 Fred Winner, Jacana
11 Françoise Danrigal, Jacana
12 Ross, Jacana
13 Hervé Chaumeton, Jacana
14 J. M. Labat, Jacana
15 Ziesler, Jacana
16 René Dulhoste, Jacana
17 Peter Brodmann, Ettingen BL
18 A. R. Devez, Jacana
19 René Dulhoste, Jacana
20 R. König, Jacana
21 Mero, Jacana
22 Hervé Chaumeton, Jacana
23 Serge Pecolatto, Jacana
24 J. M. Labat, Jacana
25 Hervé Chaumeton, Jacana
26 Claude Nardin, Jacana
27 René Volot, Jacana
28 A. Rainon, Jacana
29 A. Leutert, Schaffhausen
30 C. de Klemm, Jacana
31 Zoologisches Museum der Universität Zürich
32 Michel Viard, Jacana
33 P. Lorne, Jacana
34 Collection Varin-Visage, Jacana
35 C. et M. Moiton, Jacana
36 R. König, Jacana
37 Jean-Paul Thomas, Jacana
38 Ziesler, Jacana
39 P. Lorne, Jacana
40 Pierre Pilloud, Jacana
41 Carl Stemmler
42 C. et M. Moiton, Jacana
43 Ross, Jacana
44 Collection Varin-Visage, Jacana
45 C. et M. Moiton, Jacana
46 Thomas Ruckstuhl, Herisau
47 Cigler, Zürich
48 Cigler, Zürich
49 Hervé Chaumeton, Jacana
50 Pierre Petit, Jacana
51 Peter Brodmann, Ettingen BL
52 Peter Brodmann, Ettingen BL
53 Peter Brodmann, Ettingen BL
54 Peter Brodmann, Ettingen BL
55 Pierre Pilloud, Jacana
56 R. König, Jacana
57 Peter Brodmann, Ettingen BL
58 Peter Brodmann, Ettingen BL
59 Devez, Jacana
60 Peter Brodmann, Ettingen BL
61 R. König, Jacana
62 R. Volot, Jacana
63 Bernard Rebouleau, Jacana
64 J. L. S. Dubois, Jacana
65 Brian Hawkes, Jacana
66 R. Volot, Jacana
67 Peter Brodmann, Ettingen BL
68 Peter Brodmann, Ettingen BL
69 Hervé Chaumeton, Jacana
70 R. König, Jacana
71 C. et M. Moiton, Jacana
72 A. Rainon, Jacana
73 Thomas Ruckstuhl, Herisau
74 Maes, Jacana
75 Bernard Rebouleau, Jacana
76 Ph. Robert, Jacana
77 Bernard Rebouleau, Jacana
78 A. Leutert, Schaffhausen
79 Collection Varin-Visage, Jacana
80 Collection Varin-Visage, Jacana
81 René Volot, Jacana
82 J.-P. Champroux, Jacana
83 Mammifrance, Jacana
84 Robert, Jacana
85 Mammifrance, Jacana
86 Brian Hawkes, Jacana
87 Claude Pissavini, Jacana
88 Robert, Jacana
89 Collection Varin-Visage, Jacana
90 Collection Varin-Visage, Jacana
91 J.-M. Labat, Jacana